机器人焊接、激光加工与喷涂工艺及设备

荆学东　编著

上海科学技术出版社

内 容 提 要

机器人焊接、激光加工和喷涂是工业机器人的典型应用。全书共分为 5 章。第 1 章绪论部分概述了机器人焊接、激光加工、喷涂技术及其应用,并指出机器人作业工作站设计需要掌握的基本能力;鉴于机器人焊接技术应用较为普遍,第 2 章给出有关焊接技术的基础知识铺垫,包括理化机理、焊接分类、焊接强度、焊接设计、焊材及其特性、焊接工艺规范等;第 3～第 5 章分别针对机器人焊接技术、机器人激光加工技术、机器人喷涂技术的原理、应用及举例做了详细介绍。通过阅读本书,读者可以掌握和熟悉与机器人作业相关的工艺与设备,从而完成机器人工作站开发。

本书可用作应用型本科院校机器人技术相关专业教材,也可供学习和掌握工业机器人工作站开发的工程技术人员参考。

图书在版编目(C I P)数据

机器人焊接、激光加工与喷涂工艺及设备 / 荆学东编著. -- 上海 : 上海科学技术出版社, 2023.10
应用型本科规划教材. 机器人技术及应用
ISBN 978-7-5478-6287-2

Ⅰ. ①机… Ⅱ. ①荆… Ⅲ. ①焊接机器人－高等学校－教材②工业机器人－激光加工－高等学校－教材③喷漆机器人－高等学校－教材 Ⅳ. ①TP242.2

中国国家版本馆CIP数据核字(2023)第151745号

机器人焊接、激光加工与喷涂工艺及设备
荆学东 编著

上海世纪出版(集团)有限公司
上海 科 学 技 术 出 版 社 出版、发行
(上海市闵行区号景路 159 弄 A 座 9F - 10F)
邮政编码 201101   www.sstp.cn
江阴金马印刷有限公司印刷
开本 787×1092 1/16 印张 12.5
字数:320 千字
2023 年 10 月第 1 版 2023 年 10 月第 1 次印刷
ISBN 978 - 7 - 5478 - 6287 - 2/TH·100
定价:55.00 元

丛书前言

当前,机器人技术、人工智能技术和先进制造系统相结合,促进了智能制造系统的产生和发展,并成为现代制造业发展的必然趋势。在汽车制造业、装备制造业、电子制造业等智能制造系统中,以工业机器人为中心的机器人工作站成为连接制造系统中各个制造单元的关键环节。机器人工作站的开发和使用需要高水平应用型人才,机器人工程专业正是为了满足此类人才培养需求而开设,它属于典型的新工科专业之一,是为了适应以新技术、新产业、新业态和新模式为特征的新型制造业的发展需求而设立的。本套丛书就是为培养高水平应用型机器人工程专业人才而组织撰写。

工业机器人的应用,就是根据焊接、喷涂、装配、码垛等作业需求,通过选择作业机器人、配置机器人作业外围设备、开发机器人工作站控制系统,完成机器人工作站的开发。机器人工程专业毕竟是新兴专业,其专业内涵已经不是传统的机械工程专业或自动化专业所能够覆盖,也不是在这两个专业原有课程体系的基础上增加机器人技术课程就能够体现。应用型机器人工程专业的课程体系需要以开发机器人工作站为目标进行重新构建。在这个新的课程体系中,除了高等数学、线性代数、大学物理等学科基础课外,核心专业基础课和专业课程还包括:电气控制技术及 PLC 应用,机电一体化系统设计,机器人焊接、激光加工与喷涂工艺及设备,机器人末端执行器、作业工装及输送设备设计,工业机器人技术及应用。这 5 门课程的内容,体现了机械工程、控制科学与工程、信息技术的交叉融合。

开发机器人工作站需要把机器人与外围设备相集成,目前应用最多的技术是 PLC 技术,因此,开设"电气控制技术及 PLC 应用"课程成为必然。此外,工业机器人工作站是典型的机电一体化系统,它也包括电气控制系统、检测系统和机械系统,因此,开设"机电一体化系统设计"这门课,也是为开发机器人工作站提供基本的方法和技术手段。另外,要完成机器人工作站开发,设计人员需要掌握与机器人作业相关的工艺,典型的工艺包括焊接工艺、喷涂工艺、装配工艺等,设计人员也需要熟悉与这些作业有关的设备,因此,"机器人焊接、激光加工与喷涂工艺及设备"课程就是为这一目的而开设的。此外,工业机器人要完成焊接、装配、喷涂等作业,需要在机器人末端法兰安装手爪即末端执行器,还需要工件传输设备,开设"机器人末端执行器、作业工装及输送设备设计"课程正是为满足此要求而开设。要完成机器人工作站的开发,需要掌握工业机器人组成、轨迹规划、编程语言及控制策略,也包括机器人工作站的组成,"工业机器人技术及应用"课程的开设正可以实现该目的。

本丛书 5 分册教材,分别与上述 5 门课程对应撰写。其内容涵盖了机器人工作站开发所涉及的作业工艺、工装夹具、末端执行器，也包括了机器人工作站开发所涉及的电气控制技术、检测技术和机械设计技术的应用方法，构成了机器人工程专业的核心教材体系；每分册教材都体现了应用型教材的特点，即以应用为导向，以典型实例引导读者理解和掌握机器人工作站的设计目标、设计方法和设计流程。丛书中每一分册教材涵盖的内容都较为全面，便于授课教师根据学时进行取舍，也便于读者自学。

本丛书针对机器人工程专业撰写，既考虑了以机械为主的机器人工程专业的需求，也考虑到以自动化为主的机器人工程专业的需求。同时，本套丛书也可供机械工程专业以及自动化专业人员系统学习机器人工作站开发技术学习、参考。

丛书编写组

前　言

机器人焊接、激光加工和喷涂是工业机器人的典型应用。为实现这些应用,需要开发机器人焊接工作站、激光加工工作站和喷涂工作站;每一个机器人工作站作为一个相对独立单元,嵌入整个生产线中。要完成上述任务,需要掌握机器人工作站的组成,更要掌握和机器人作业相关的工艺,包括焊接工艺、激光加工工艺和喷涂工艺。

为了实现上述目标,本书安排了以下内容:

第1章介绍了工业机器人的典型应用,包括机器人焊接技术及其应用、机器人激光加工技术及其应用、机器人喷涂技术及其应用。这些内容可以帮助读者对工业机器人应用有初步的了解。

由于机器人焊接技术已经广泛应用于汽车制造、航空制造和船舶制造等领域;同时,焊接是利用焊缝将两个工件结合在一起,这种连接方式一般要承受载荷,影响结合的强度、零部件的刚度和寿命,这就要求机器人工作站设计人员须了解焊接的原理及其应用。因此,第2章介绍了焊接技术基础,重点介绍了焊接中的物理和化学、焊接技术的分类、常用的焊接技术及其原理、焊接接头强度、焊接设计、焊接用钢材及热影响区域的材料特性、焊接工艺规范。

第3章介绍了机器人焊接技术,具体内容包括机器人焊接系统的组成,机器人焊接三个实例即机器人 CO_2 焊接、机器人 TIG 焊接和机器人点焊;并介绍了机器人焊接作业安全防范规范。

第4章介绍了机器人激光加工技术,包括机器人激光焊接原理、应用、工艺及实例;机器人激光熔覆原理、应用、工艺及实例;机器人激光切割原理、应用、工艺及实例。

第5章介绍了机器人喷涂技术,包括机器人空气喷涂原理、应用、工艺及实例;机器人无气喷涂原理、应用、工艺及实例;机器人静电喷涂原理、应用、工艺及实例;机器人涂胶原理、应用、工艺及实例。

当前市场上系统介绍机器人焊接、激光加工和喷涂工艺及设备的教材较少。已有的图书主要侧重于单独介绍机器人焊接、激光加工或喷涂工艺及设备,它们一般篇幅较大、内容广泛,在当前教学学时有限的情况下,难以满足机器人工程专业学生系统学习工业机器人技术及应用的需求。

本书作为机器人工程专业的教材,不仅介绍了工业机器人典型应用领域直接相关的内容,包括工业机器人系统的组成、作业工艺以及设备,这些内容是完成机器人工作站开发的最基本和最核心的内容;同时,本书作为应用型教材,优先考虑如何面向应用,特别是充分考虑了机械工程学科和自动化学科等不同背景的学生，在学习机器人焊接、激光加工和喷涂工艺及设备方面所面临的需求差异，从而针对机器人焊接、激光加工和喷涂作业相关的基本理论做了必要的取舍；为了便于组织教学和自学，教材也考虑到章节和内容安排的逻辑性，努力遵循由浅入深、循序渐进的原则。

　　本书适用于高校机器人工程专业、自动化专业以及机械工程专业的本科生和研究生，供他们学习、掌握工业机器人焊接、激光加工、喷涂工艺及设备参考。

编者

目　录

第 1 章

绪 论

◎ **学习成果达成要求**

1. 了解机器人熔化极活性气体保护电弧焊(MAG)、熔化极惰性气体保护焊(MIG)、非熔化极惰性气体保护电弧焊(TIG)、激光焊接,以及等离子焊接的焊接原理及其应用场合。

2. 了解机器人激光加工技术的原理、分类及其应用。

3. 了解机器人喷涂技术的原理、分类及其应用。

《《《

近 20 年来,随着数字化技术、工业现场总线技术和计算机控制技术的进步,并伴随着产业升级和劳动力成本上升,工业机器人在焊接、激光加工和喷涂作业中的应用越来越广泛。工业机器人并不是以独立的形态出现,而是根据作业类型以及工艺的需要,把工业机器人与外围设备相集成,形成以工业机器人为中心的独立作业单元,即机器人工作站,作为生产线上的一个环节。要设计和使用这样的工作站,需要了解机器人焊接工作站、机器人激光加工工作站、机器人喷涂工作站的组成、作业工艺和应用场合。

1.1 机器人焊接技术及其应用

机器人焊接是利用机器人代替手工焊接的一种自动化焊接方式。20 世纪 80 年代,汽车制造业才开始大量使用机器人进行点焊;时至今日,机器人弧焊应用已较为普遍。机器人焊接常用的有点焊和弧焊;后者包括熔化极活性气体保护电弧焊(metal active gas arc welding, MAG)、熔化极惰性气体保护焊(metal inert gas welding, MIG)、非熔化极惰性气体保护电弧焊(tungsten inert gas welding, TIG)。

1.1.1 机器人点焊技术及其应用

点焊是指焊接时利用柱状电极,在两块搭接工件接触面之间形成焊点的焊接方法,焊缝如图 1 - 1 所示。点焊时,先加压使工件紧密接触,之后接通电流,在电阻热的作用下工件接触处熔化,冷却后形成焊点。点焊主要用于厚度 4 mm 以下的薄板构件冲压件焊接。

1) 机器人点焊系统组成

如图 1 - 2 所示,机器人点焊系统包括机器人系统(含

图 1 - 1 点焊焊缝

机器人本体及控制系统、示教器等)、焊接系统(包括焊接电源、送丝机构、焊枪、保护气体输送装置)、焊接工装夹具和安全防护装置等部分。其中机器人的作用是保证焊枪所要求的位置和姿态。

图 1-2　机器人点焊系统组成

2) 机器人点焊技术的应用

(1) 汽车制造领域。这是最早也是最广泛的应用区域,焊接机器人可以应用于轿车底盘的焊接,还可应用于车身和车顶盖的焊接以及前围总成的焊接。由于点焊可以实现单滴熔焊,精确度完全可以满足汽车零部件的焊接要求。

(2) 工程机械领域。该领域是较早引入点焊机器人的行业之一,由于其焊点要求较高,工作环境洁净度要求也较高,点焊机器人可以满足焊机工艺需求,不但能达到极高的自净度,也能够在封闭环境中长时间工作,使得生产效率得到提高、产品质量得到提升。

(3) 铁路机车领域。点焊机器人可以应用于铁路轨道、车身以及车内部件的焊接,焊接平面平整度高,焊接牢固,使得产品具有很长的寿命,耐用性增强,极大地减少产品成本,从而使得资源利用率得到了极大提升。

1.1.2　机器人MIG焊接技术及其应用

MIG焊接是一种气体金属保护焊接,该焊接方式使用惰性气体(如氩气)或活性气体(如二氧化碳)作为保护气体,以保护焊缝,同时焊丝也作为电极参与电弧熔化,形成焊缝。MIG焊接适用于铝、镁、铜等金属材料的焊接,典型的MIG焊缝如图1-3所示。

1) 机器人MIG焊接系统组成

如图1-4所示,机器人MIG焊接系统主要包括焊接机器人(包括机器人本体、控制系统、示教器)、自动送丝装置、焊接电源、焊枪、

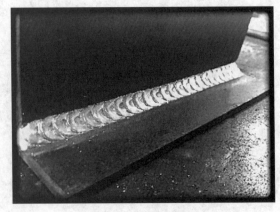

图 1-3　MIG焊缝

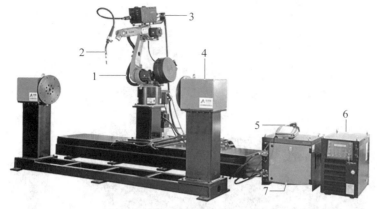

1—机器人本体;2—焊枪;3—送丝机;4—变位机;5—示教器;
6—焊接电源;7—机器人控制柜

图1-4 机器人MIG焊接系统组成

变位机、工装夹具和安全防护装置等。其中机器人的作用是保证焊枪所要求的位置、姿态和运动轨迹。

2) 机器人MIG焊接技术的应用

机器人MIG焊接几乎适用于所有金属的焊接,特别是铝和铝合金、铜及铜合金、不锈钢的焊接。

1.1.3 机器人MAG技术及其应用

MAG焊接是一种气体金属保护焊接,类似于MIG焊接,但使用的保护气体和焊丝成分不同。MAG焊接通常使用活性气体,如二氧化碳或混合气体,作为保护气体,同时焊丝中含有药芯,以提升焊缝质量。MAG焊接适用于焊接碳素钢、合金钢、铸铁等材料,典型的MAG焊缝如图1-5所示。

1) 机器人MAG焊接系统组成

如图1-6所示,机器人MAG焊接系统主要包括焊接机器人(包括机器人本体、控制系统、示教器)、自动送丝装置、焊接电源、焊枪、变位机、工装夹具和安全防护装置等。其中机器人的作用是保证焊枪所要求的位置、姿态和运动轨迹。

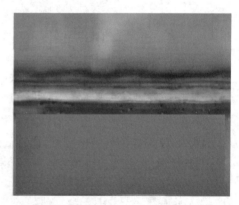

图1-5 MAG焊缝

2) 机器人MAG焊接技术的应用

机器人MAG焊接主要适用于碳钢、合金钢和不锈钢等黑色金属的焊接,尤其在不锈钢的焊接中得到广泛的应用。

(1) 汽车制造领域。机器人MAG焊接多用于要求高强度的脚边部件和形状复杂的部件等,在汽车制造业中主要用于汽车减震器、横梁、后桥壳管、传动轴和油缸等的焊接。

(2) 压力管道和压力容器制造领域。包括在锅炉本体、化工生产压力容器以及压力管道的焊接。

(3) 船舶制造领域。船舶底部和船板中有很多较大的结构件焊缝数量多,有平、立、仰角焊缝焊接,也包括船体分段制造、平直分段内底板、甲板对接等方面。

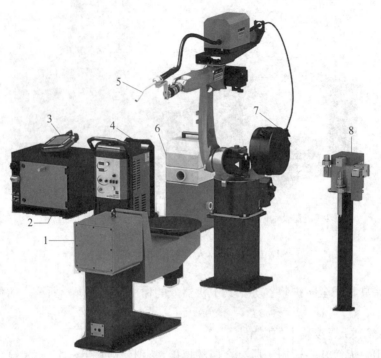

1—变位机；2—机器人控制柜；3—示教器；4—焊接电源；5—焊枪；6—冷却系统；
7—送丝机构；8—清枪器

图 1-6 机器人 MAG 焊接系统组成

1.1.4 机器人 TIG 焊接技术及其应用

TIG 焊接采用惰性气体为保护气体，一般为氩气。对于 0.5～4.0 mm 厚的不锈钢焊接，TIG 焊接都是最常用的焊接方式。用 TIG 焊加填丝的方式常用于压力容器的打底焊接，这是因为 TIG 焊接的气密性较好，能降低压力容器焊接时焊缝的气孔。典型的 TIG 焊缝如图 1-7 所示。

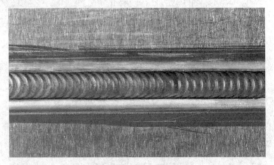

图 1-7 TIG 焊缝

1) 机器人 TIG 焊接系统组成

如图 1-8 所示，机器人 TIG 焊接系统主要包括焊接机器人（包括机器人本体、控制系统、示教器）、自动送丝装置、焊接电源、焊枪、水冷系统、变位机、焊接工装夹具和安全防护装置等。其中机器人的作用是保证焊枪所要求的位置、姿态和运动轨迹。

2) 机器人 TIG 焊接技术的应用

机器人 TIG 焊接广泛用于有色金属（钛合金、铝合金等）、不锈钢和高温合金等的焊接生产，在惰性气体的保护下可以获得高质量的焊接接头。但 TIG 焊接的主要不足是其单道可焊厚度小（3 mm）、焊接效率低。对于厚度较大的焊件，需要开坡口或进行多层焊。因此，目前 TIG 焊接多用于薄件或多层焊的打底。

掌握机器人焊接技术，需要掌握常用焊接技术的基本原理，包括点焊技术、MIG 焊接技术、MAG 焊接技术以及 TIG 焊接技术的基本原理、这些内容将在本书第 2 章"焊接技术基础"

1—变位机；2—焊枪；3—送丝机构；4—焊接机器人本体；
5—机器人控制柜；6—焊接电源

图1-8　机器人 TIG 焊接系统组成

中介绍，在此基础上，需要学习机器人焊接系统的组成、应用及安全作业规范，这些内容将在本书第3章"机器人焊接技术"中介绍。

1.2　机器人激光加工技术及其应用

　　机器人激光加工是指将机器人技术应用于激光加工中，通过高精度工业机器人实现更加柔性的激光加工作业。该系统通过对加工工件的自动检测，产生加工件的模型，继而生成加工曲线。典型的机器人激光加工技术类型包括激光焊接、激光熔覆、激光切割等，如图1-9所示。

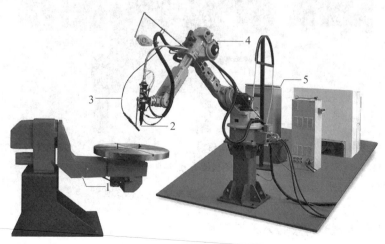

1—变位机；2—激光焊枪；3—送丝装置；4—焊接机器人；5—焊接电源

（a）机器人激光焊接

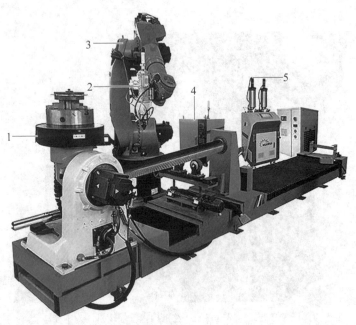

1—变位机;2—熔覆头;3—焊接机器人;4—机器人控制柜;5—激光机

(b) 机器人激光熔覆

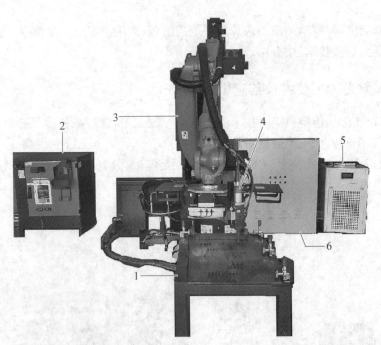

1—工作台;2—机器人控制柜;3—焊接机器人;4—激光切割头;5—冷却系统;6—激光机

(c) 机器人激光切割

图 1-9　机器人激光加工技术类型

1.2.1　机器人激光焊接技术及其应用

激光焊接是利用高能量密度的激光束作为热源的一种高效精密自动化焊接方法。激光焊接过程属热传导型,即激光辐射加热工件表面,表面热量通过热传导向内部扩散,通过控制激光脉冲的宽度、能量、峰值功率和重复频率等参数,使工件熔化,形成特定的熔池。典型的激光焊缝如图1-10所示。

1)机器人激光焊接系统组成

机器人激光焊接系统包括焊接机器人(包括机器人本体、控制系统、示教器)、焊接电源、专用焊枪、焊接工装夹具、焊接传感器及系统安全保护设施等。其中机器人的任务是精确地保证机械手末端(焊枪)所要求的位置、姿态和运动轨迹。

图1-10　激光焊缝

2)机器人激光焊接技术的应用

机器人激光焊接的主要应用领域包括:

(1)工程机械制造领域。在该领域,焊接劳动条件差、热辐射大,同时也有很多大型设备,也增加了焊接的难度。机器人焊接系统,解放了人工的劳动强度,有助于提高机械制造领域的自动化水平。

(2)汽车制造领域。在该领域,传统的焊接已经不能满足汽车和汽车零部件制造的高焊接要求。机器人激光焊接系统可以对焊缝实现精确焊接,刚好放下合适的焊材填充,使焊缝美观牢固。在很多现代化的汽车生产车间,已经形成自动化焊接设备流水线。

(3)电子设备领域。该领域对焊接质量要求很高,目前也面临着严峻的挑战。机器人激光焊接可以在稳定焊接质量的同时保证生产效率,实现电子设备的精确焊接,比人工效率提高3~4倍。

(4)造船领域。在船舶结构中,船舶的焊接构件有近千个,涉及零件近万个。船舶的重要承力构件大多采用焊接构件,船体在运行过程中承受的压力很大,焊接质量要求较高。机器人激光焊接通过自动焊缝跟踪技术灵活设置焊接参数,精确焊接船舶各部分。

1.2.2　机器人激光熔覆技术及其应用

激光熔覆是在零部件基体表面添加熔覆材料,再利用激光的高能量,使得熔覆材料与基体材料实现冶金结合,从而形成具备耐磨、耐热、耐腐蚀和抗氧化等特点的熔覆层,进而实现零件基体修复和材料表面改性的目的。典型的激光熔覆层如图1-11所示。

1)机器人激光熔覆系统组成

机器人激光熔覆系统主要包括工业机器人(包括机器人本体、控制系统、示教器)、激光器、激光加工头、送粉器、冷却系统、工作台及其他

图1-11　激光熔覆层

辅助设备等。其中机器人的作用是保证熔覆头所要求的位置、姿态和运动轨迹。

2)机器人激光熔覆技术的应用

机器人激光熔覆技术是一种高精度、高效率的表面处理技术,广泛应用于航空航天、汽车、机械、电子和医疗等领域。

（1）航空航天领域。激光熔覆技术在航空航天领域的应用，包括飞机发动机部件的熔覆（以改善表面性能）、某些重要部件的表面涂层保护、发动机燃烧室熔覆等。在该领域，激光熔覆技术也被广泛应用于制造高温合金零部件，以满足零部件要求的高强度、高温抗氧化性、高耐磨性等特性，而激光熔覆技术可以在基体材料表面形成一层均匀、致密、高质量的涂层，从而提高零件的性能和寿命。

（2）汽车制造领域。该领域也是激光熔覆技术的重要应用领域，包括汽车发动机部件的涂层保护、发动机燃烧室的熔覆修复、汽车变速箱等部件的熔覆改善。激光熔覆技术可以改善汽车发动机部件的性能，提高汽车发动机的整体性能，提高汽车的使用寿命。

在汽车领域，激光熔覆技术可以用于制造发动机缸体、气门座圈等零部件。这些零部件需要具备高强度、高耐磨性、高密封性等特性，而激光熔覆技术可以在基体材料表面形成一层均匀、致密、高质量的涂层，从而提高零部件的性能和寿命。

（3）军工领域。激光熔覆技术在军工领域也有着广泛的应用，包括军用机器人的熔覆修复、军用器材的涂层保护和军用发动机的熔覆改善等。激光熔覆技术可以改善军用器材的性能，提高军事装备的整体性能和使用寿命。

（4）电子产品制造领域。在电子领域，激光熔覆技术可以用于制造高精度的电子元器件。例如，对于微型电子元器件的制造，可以使用激光熔覆技术在其表面形成一层均匀、致密、高质量的涂层，从而提高其性能和可靠性。

1.2.3　机器人激光切割技术及其应用

激光切割是指利用经聚焦的高功率密度激光束照射工件，使被照射的材料迅速熔化、汽化、烧蚀或达到燃点，随着光束对材料的移动，同时借助与光束同轴的高速气流吹除熔融物质，从而实现将工件割开，如图 1-12 所示。

图 1-12　激光切割

1）机器人激光切割系统组成

机器人激光切割系统主要由工业机器人（包括机器人本体、控制系统、示教器）、激光器、水冷系统、光束传输系统、激光头、工件装夹系统和保护气等组成。其中机器人的任务是精确地保证激光切割头所要求的位置、姿态和运动轨迹。

2）机器人激光切割技术的应用

机器人激光切割系统能满足自由轨迹加工，完成平面曲线、空间的多组直线、异型曲线等特殊轨迹的激光切割，主要应用领域包括：

（1）汽车制造领域。汽车工业的很多边角，比如汽车车门、排气管经过成型过程后一些多余的边角或毛刺需要处理，如果手动切割那么精度很难达到，并且效率很低。利用激光切割机器人可以快速批量加工。

（2）装饰领域。由于激光切割机器人速度快、灵活，可以快速形成很多复杂的图形，赢得装修公司的青睐。只要是客户想要的，计算机辅助设计（CAD）出图后可以直接用相关材料裁剪。

（3）工程机械领域。使用的板材多为中板,激光切割坡口可以一次性解决下料和坡口问题,具有精度高、速度快、材料利用率低、成本低和劳动力成本低等优点。激光切割广泛应用于铁塔、幕墙、电梯、钢结构和起重机械等领域。

学习和掌握机器人激光加工技术,需要学习激光焊接技术、激光熔覆技术和激光切割技术的基本原理,以及机器人激光焊接系统、机器人激光熔覆系统和机器人激光切割系统的组成,这些内容将在本书第4章"机器人激光加工技术"中介绍。

1.3　机器人喷涂技术及其应用

机器人喷涂是利用工业机器人实现喷涂作业的一种自动化喷涂方式,主要用于油漆或其他涂料的喷涂,按照喷涂工艺特点,可以分为机器人空气喷涂、机器人无气喷涂和机器人静电喷涂三种类型,如图1-13所示。

(a) 机器人空气喷涂

(b) 机器人无气喷涂　　　　　　　　　(c) 机器人静电喷涂

图1-13　机器人喷涂技术分类

1.3.1　机器人空气喷涂技术及其应用

空气喷涂是靠压缩空气气流从空气帽的中心孔喷出时在涂料出口处形成的负压,使涂料

图 1-14　空气喷涂表面的涂饰效果

自动流出并在压缩空气的冲击混合下液-气相急骤扩散,涂料被微粒化并充分雾化,然后在气流推动下射向工件表面而沉积成膜的涂漆方法。空气喷涂表面的涂饰效果如图 1-14 所示。

1) 机器人空气喷涂系统组成

机器人空气喷涂系统主要由喷涂机器人(机器人本体及其控制系统机器人)、喷涂系统(主要包括空气压缩机、油水分离器、喷枪、空气胶管及输漆罐等)、工艺柜、专用喷枪、喷房、安全防护设备、工件输送系统、工装夹具等组成。

2) 机器人空气喷涂技术的应用

空气喷涂的雾化效果是目前所有喷涂模式中较好的,主要适用于家具、手机外壳、笔记本电脑外壳和汽车涂装等领域。

1.3.2　机器人无气喷涂技术及其应用

无气喷涂也称高压无气喷涂,是指使用高压柱塞泵,直接将油漆加压,形成高压力的油漆,喷出枪口形成雾化气流作用于物体表面(墙面或木器面)的一种喷涂方式。无气喷涂表面的涂饰效果如图 1-15 所示。

1) 机器人无气喷涂系统组成

机器人无气喷涂系统一般由喷涂机器人(包括机器人本体、控制系统、示教器)、喷涂系统(包括动力源、高压泵、蓄压过滤器、输漆管道)、工艺柜、专用喷

图 1-15　无气喷涂表面的涂饰效果

枪、喷房、安全防护设备、工件输送系统和工装夹具等组成。

2) 机器人无气喷涂技术的应用

无气喷涂技术使用的涂料多为溶剂型和水性涂料,例如丙烯酸、环氧或环氧乙烯涂料、聚天门冬氨酸酯、氟乙烯/乙烯聚醚聚合物、氯化橡胶、沥青、环氧煤沥青和环氧发泡防火材料等。

无气喷涂技术在船舶、车辆、钢结构件、桥梁、石油、石化、建筑及机械制造等领域已广泛应用,是目前应用最广泛的涂装方法之一。现代化的造船厂几乎完全离不开无气喷涂。

1.3.3　机器人静电喷涂技术及其应用

静电喷涂是指利用电晕放电原理使雾化涂料在高压直流电场作用下荷负电,并吸附于荷正电基底表面放电的涂装方法。静电喷涂表面的涂饰效果如图 1-16 所示。

1) 机器人静电喷涂系统组成

机器人静电喷涂系统一般由喷涂机器人(包括机器人本体、控制系统、示教器)、喷涂系统(包括喷涂单元、静电单元、供漆单元、控制单元、输送单元)和喷杯等组成。

2）机器人静电喷涂技术的应用

由于在静电喷涂中，被涂工件必须是导体，因此其主要适用于对导电性良好的金属进行喷涂。如果需要对塑料、木材、橡胶、玻璃等物体进行静电喷涂，则需要提前进行表面预处理。

掌握机器人喷涂技术，需要学习无气喷涂、空气喷涂、静电喷涂、涂胶技术的原理，机器人无气喷涂、机器人空气喷涂和机器人静电喷涂系统以及机器人涂胶系统的组成及应用，这些内容将在本书第 5 章"机器人喷涂技术"中介绍。

图 1 - 16　静电喷涂表面的涂饰效果

1.4　机器人作业工作站设计需要掌握的基本能力

利用工业机器人实现焊接、激光加工和喷涂作业，需要完成工业机器人和外围设备的集成，即机器人工作站的开发，这种工作需要一个团队来完成。机器人工作站的开发与一般机电一体化系统开发有显著区别的是：需要掌握与作业相关的工艺。

机器人焊接、激光加工和喷涂工作站开发需要具备的基本能力如图 1 - 17 所示。

图 1 - 17　机器人焊接、激光加工和喷涂工作站开发需要具备的基本能力

1.4.1　掌握工业机器人应用相关技术

在学习和掌握工业机器人基础知识的前提下，需要掌握工业机器人应用相关技术，主要包括坐标系标定、末端执行器轨迹规划、机器人离线编程技术。

1.4.1.1　掌握坐标系标定方法

如图 1 - 18 所示，与工业机器人作业相关的坐标系包括世界坐标系（world coordinate system）$\{Wo\}$、基坐标系（base coordinate system）$\{B\}$、法兰坐标系（flange coordinate system）$\{F\}$、工具坐标系（tool coordinate system）（末端执行器坐标系）$\{T\}$、工作台坐标系

(station coordinate system)$\{S\}$或用户坐标系(user coordinate system)$\{U\}$和目标坐标系(goal coordinate system)$\{G\}$(工件坐标系)。

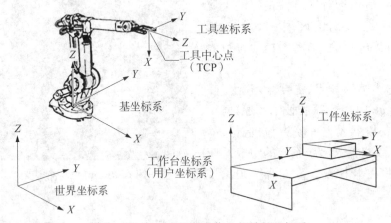

图1-18　与工业机器人作业相关的坐标系

对于每一种商用工业机器人,其世界坐标系、工作台坐标系和工件坐标系都可以通过示教的方法进行设定。三点法设定坐标系原理如图1-19所示,一般可以采用三点法(或四点法)进行设定。从图1-19中可以看出,所谓三点法是指:用示教的方法可以确定不在同一直线上的第一点X_1、第二点X_2和第三点Y_1;第一点X_1与第二点X_2连线组成坐标系的X轴;通过第三点Y_1向X轴作的垂直线,为Y轴,交点为坐标系原点;利用向量叉积$Z=X\times Y$可以确定Z轴。图1-18中的工作台坐标系$\{S\}$和工件坐标系$\{G\}$都可以用该方法建立。

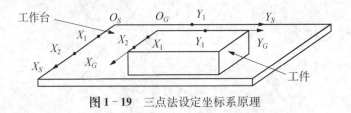

图1-19　三点法设定坐标系原理

1.4.1.2　掌握机器人末端执行器轨迹规划方法

机器人运动轨迹是指机器人在完成某一作业过程中,其工具坐标系$\{T\}$的原点TCP(tool center point)的位移以及相应的工具坐标系$\{T\}$的姿态变化历程。

轨迹规划就是要确定完成作业任务的工具坐标系$\{T\}$的原点TCP的轨迹$O_i(x_i,y_i,z_i)$,以及在该点工具坐标系$\{T\}$的姿态R_i,如图1-20所示。为叙述方便,可以把它们写成

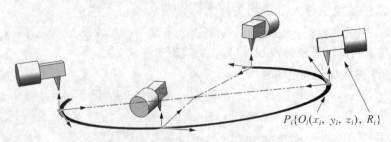

图1-20　工具坐标系运动的位姿系列

$P_i\{O_i，R_i\}$，即工具坐标系 $\{T\}$ 相对于工作台坐标系的位姿。轨迹规划，是指确定作业起始点、中间点及终止点的位姿，也就是确定位姿序列 $\{P_1\{O_1，R_1\}，P_2\{O_2，R_2\}，\cdots，P_i\{O_i，R_i\}，\cdots，P_n\{O_n，R_n\}\}$。

轨迹规划可以在机器人关节空间进行，也可以在直角坐标空间中进行。在关节空间进行规划时，是将关节变量表示成时间的函数，并确定它的一阶和二阶时间导数；在直角空间进行规划时，首先要根据作业要求，确定工具坐标系 $\{T\}$ 在路径点和中间点的位姿和速度。

1.4.1.3　掌握机器人离线编程技术

离线编程是指在虚拟环境中创建加工场景，建立机器人及工作环境的三维（3D）模拟场景，经由软件仿真计算，生成控制机器人运动轨迹，进而生成机器人的控制指令。设计人员可以利用离线编程技术来控制物理环境中的机器人。

以机器人焊接为例，可以通过离线编程软件对机器人的焊枪、喷枪和激光头等末端执行器的姿态、手臂配置、进给/速度、功率、运动轨迹等进行全方位设置，创建、优化并验证作业计划。编程完成后，实际加工流程将由自动化系统执行。

常用的工业机器人离线编程软件包括 RobotArt、RobotMaster、RobotWorks、Robomove、RobotCAD、DELMIA、RobotStudio 和 RoboGuide 等。这些离线编程软件的主要功能包括机器人碰撞检测、机器人路径规划和机器人传送带跟踪等。

1.4.2　掌握机器人作业工艺

开发和应用机器人焊接、激光加工和焊接系统，需要掌握机器人焊接工艺、机器人激光加工工艺和机器人喷涂工艺。

1.4.2.1　机器人焊接工艺

机器人焊接工艺主要包括焊接方法、焊接电源、母材、焊材、保护气体类型、板厚（管径及壁厚）、坡口形式、焊前装配方法、焊接位置、焊接顺序、焊接轨迹、焊枪姿态及焊接工艺参数等的确定。在制定机器人焊接工艺前，需要对焊件材料的焊接性、成形加工工艺、装配方法有充分的了解。

1.4.2.2　机器人激光加工工艺

1）机器人激光焊接工艺

机器人激光焊接工艺包括焊接方法、激光机、母材、焊材、保护气体类型、板厚（管径及壁厚）、坡口形式、焊前装配方法、焊接位置、焊接顺序、焊接轨迹、焊枪姿态的确定，也包括功率密度、激光脉冲波形、激光脉冲宽度、离焦量、光束焦斑大小、材料吸收值、焊接速度等工艺参数的确定；同时也包括作业安全规范和质量检验标准。

2）机器人激光熔覆工艺

机器人激光熔覆工艺包括熔覆方法、激光机、母材、焊材、保护气体类型、板厚（管径及壁厚）、坡口形式、熔覆位置、熔覆顺序、熔覆轨迹、熔覆头姿态的确定，也包括激光功率、光斑直径、熔覆速度、离焦量、送粉速度、扫描速度、预热温度等工艺参数的确定；同时也包括作业安全规范和质量检验标准的确定。

3）机器人激光切割工艺

机器人激光切割工艺包括切割方法、激光机、工件材料、保护气体类型、板厚（管径及壁厚）、切割位置、切割顺序、切割轨迹、激光头姿态的确定，也包括激光输出功率、切割速度、焦点位置的调整、喷嘴直径、喷嘴与工件表面间距、辅助气体压力等工艺参数的确定；同时也包括作业工艺规范、作业安全规范和质量检验标准的确定。

1.4.2.3　机器人喷涂工艺

1）机器人无气喷涂工艺

机器人无气喷涂工艺包括喷涂方法、喷涂机、母材、保护气体类型、涂饰厚度、涂饰形状、涂饰位置、喷涂顺序、喷枪轨迹、喷枪姿态、枪距、喷枪运行方向及速度等的确定，也包括喷嘴等效口径、流量、喷雾图形幅宽、黏度和涂料压力等喷涂工艺参数的确定；同时也包括作业工艺规范、作业安全规范和质量检验标准的确定。

2）机器人空气喷涂工艺

机器人空气喷涂工艺包括喷涂方法、喷涂机、母材、保护气体类型、涂饰厚度、涂饰形状、涂饰位置、喷涂顺序、喷枪轨迹、喷枪姿态、枪距、喷枪运行方向及速度等的确定，也包括喷嘴直径、喷涂压力、涂料黏度、喷涂距离和喷涂角度等喷涂工艺参数的确定；同时也包括作业工艺规范、作业安全规范和质量检验标准的确定。

3）机器人静电喷涂工艺

机器人静电喷涂工艺包括喷涂方法、喷涂机、母材、保护气体类型、涂饰厚度、涂饰形状、涂饰位置、喷涂顺序、喷枪轨迹、喷枪姿态、枪距、喷枪运行方向及速度等的确定，也包括喷涂流量、成型空气、旋杯转速和高压等喷涂工艺参数的确定；同时也包括作业安全规范和质量检验标准的确定。

1.4.3　掌握工业机器人工作站系统集成技术

对于机器人焊接、激光加工和机器人喷涂系统的开发和应用，需要掌握这些类型的机器人工作站的组成，包括机器人（含本体及其控制系统），专用的末端执行器（包括机器人用焊枪、机器人用激光头、机器人喷头），机器人作业相关的外围设备，如焊接电源、送丝机构、保护其他输送装置、作业工装和夹具及安全防护装置等。

根据工业机器人焊接、激光加工和机器人喷涂作业的要求，选择工业机器人的型号、末端执行器型号以及外围设备型号之后，需要通过系统集成技术，将工业机器人及外围设备相集成，形成机器人工作站，作为一个相对独立的工作单元嵌入生产系统中。开发机器人工作站需要解决机器人工作站的结构类型、机器人工作站内部数据和信息传输、机器人工作站与外部的通信三个方面的问题。

1.4.3.1　机器人工作站控制平台选择

机器人工作站要控制的对象包括机器人及外围设备（包含工装和夹具），它们都有各自的控制器。要把这些设备融合起来成为机器人工作站，需要一个层级更高的总控制平台。总控制平台可以选择以机器人控制器、PLC或工控机为核心进行构建。

1.4.3.2　建立工作站控制器与机器人及外围设备之间数据传输和交换的链路

1）建立数据交换物理链路

根据机器人及外围设备的接口类型及通信协议，利用相应的电缆将控制器与机器人及外围设备相连接，形成总控制器与机器人及外围设备之间的数据传输和交换的通路。

2）开发数据交换及处理软件

根据所有设备的接口协议，确定所有设备之间传输数据的处理流程及处理方法，并开发相应的程序。

1.4.3.3　机器人与外围设备相集成的工作流程

机器人与外围设备相集成从而形成机器人工作站，之后投入运行，从而与生产系统融合，这本质上是一个工程项目。作为工程项目,其实施的工作流程包括七个阶段,如图 1 - 21 所示。

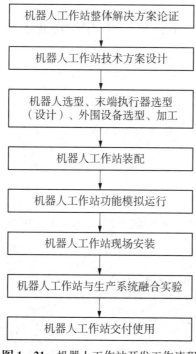

图 1 - 21 机器人工作站开发工作流程

　　机器人工作站的开发都是定制型的,先前的开发技术和经验可以借鉴,但不能复制。这是机器人工作站开发的最大特点。但是,要想提高机器人工作站开发效率,了解与作业相关的工艺是前提。

参考文献

[1] 荆学东. 工业机器人技术及应用[M]. 上海:上海科学技术出版社,2022.
[2] 周文军,等. 工业机器人工作站系统集成[M]. 北京:高等教育出版社,2018.

思考与练习

　　1. 查阅相关资料,说明机器人焊接、机器人激光加工、机器人喷涂工作站系统的具体组成。

　　2. 查阅相关资料,说明机器人坐标系常用的标定方法。

　　3. 机器人工作站集成需要解决的基本问题有哪些,如何解决这些问题?

第 2 章

焊接技术基础

◎ 学习成果达成要求

1. 了解熔化极活性气体保护电弧焊、熔化极惰性气体保护焊、非熔化极惰性气体保护电弧焊、埋弧焊(submerged arc welding, SAW)、激光焊接、电子束焊接及等离子焊接的焊接原理及其应用场合。

2. 了解焊接接头强度的设计方法。

3. 掌握焊接设计方法。

4. 了解焊接用钢材及热影响区域的材料特性。

5. 掌握常用钢材的焊接工艺规范。

6. 掌握机器人焊接系统的组成。

7. 了解焊接作业安全防范措施。

«««

焊接是古老而又年轻的连接技术,早期的焊接技术见于青铜器时代和铁器时代,以炉火为热源,出现了铸焊、钎焊和锻焊;现代焊接的能量来源有很多种,包括气体焰、电弧、激光、电子束、摩擦和超声波等。近30年来,随着数字化技术和计算机控制技术的进步,机器人焊接技术应用范围也逐步扩大。机器人焊接是应用焊接机器人代替人完成焊接作业。机器人焊接充分利用了工业机器人具备多用途、可重复编程的特点,将焊枪连接到机器人末端法兰,利用编程或示教,在外围设备配合下完成焊接作业。本章介绍了焊接技术的原理、焊接技术类型和焊接工艺规范,为学习第3章"机器人焊接技术"奠定基础。

焊接是通过加热或加压的方法,使用或不用填充材料,使两个工件通过原子间结合而实现连接的一种加工方法。典型的焊接结构如图2-1所示。

图 2-1 典型的焊接结构

作为金属结合的一种技术,焊接技术在古代就开始出现,主要采用锻焊、钎焊和铸焊;现代焊接技术在 20 世纪初开始出现。现代焊接技术在采矿、石油和天然气开采、建筑业、机械制造业、电气设备制造、车辆制造、船舶制造以及维护和维修行业得到了广泛应用。当前,自动焊接技术特别是焊接机器人,在工业生产中得到了日益广泛的应用。

焊接结构一般要承受一定的外载荷,为了使焊接结构在工作中不产生破坏,焊接结构设计除了需要掌握焊接中的物理和化学变化、焊接材料选型和焊接工艺外,还需要掌握零件强度、刚度等方面的力学知识,这些方面的知识是确定构件和焊缝尺寸所必需的基础知识。

2.1　焊接中的物理和化学

焊接过程中既有物理过程,如金属熔化;也有化学过程,如高温下的冶金反应是氧化还原过程,焊接中电弧燃烧属于氧化反应,而且反应过程中产生大量热量;焊接过程中也伴随着还原反应,即把氧原子从其他物质中分离出来的过程,因此焊接过程是物理和化学过程综合作用的结果。

焊接工艺涉及金属的可焊性。金属材料的可焊性是指被焊金属在采用一定的焊接方法、焊接材料、工艺参数及结构形式条件下,获得优质焊接接头的难易程度,它与金属材料的物理和化学特性有关。

影响钢材可焊性的主要因素是化学成分。在各种元素中,碳的影响最为显著,其他元素的影响可折合成碳的影响,因此可用碳当量方法来估算被焊钢材的可焊性。硫、磷对钢材焊接性能影响也很大,在各种合格钢材中,硫、磷的成分都要受到严格限制。

2.1.1　焊接过程的物理本质

焊接过程中的物理本质包括宏观和微观两个方面。宏观方面表现为焊接接头破坏需要外加能量和焊接的不可拆卸性;微观方面表现为焊接是在两个焊件之间实现原子间结合。

2.1.2　实现两个零件的焊接条件

理论上,当两个被焊好的固体金属表面接近到原子平衡距离时,可以在接触表面上进行扩散和再结晶等物理化学过程,形成金属键,从而达到焊接连接的目的。然而,这只是理论上的条件,事实上即使是经过精细加工的表面,在微观方面上也会存在凹凸不平,一般金属的表面上还常常带有氧化膜、油污和水分等吸附层,这些都会阻碍金属表面的紧密接触。

2.1.3　熔焊加热特点及焊接接头的形成

1) 焊件上加热区的能量分布

焊接过程中,热源把热能传给焊件是通过焊件上一定的作用面积进行的。对于电弧焊,这个作用面积称为加热区,该加热区又可分为加热斑点区和活性斑点区。其中,活性斑点区是带电质点(电子和离子)集中轰击的部位,它把电能转为热能;而加热斑点区的焊件受热是通过电弧的辐射和周围介质的对流进行的,在该区内热量的分布不均匀,呈现中心高、边缘低的特点。

2) 焊接接头的形成

熔焊时焊接接头的形成,一般都要经历加热、熔化、冶金反应、凝固结晶和固态相变,直至形成焊接接头。

(1) 焊接热过程。熔焊时被焊金属在热源作用下产生局部受热和熔化,使整个焊接过程始终都是在焊接热过程中发生和发展。焊接热过程与冶金反应、凝固结晶和固态相变、焊接温度场和应力变形等均有密切的关系。

(2) 焊接化学冶金过程。熔焊时,金属、熔渣与气相之间进行一系列的化学冶金反应,如金属氧化、还原、脱硫、脱磷和掺合金等。这些冶金反应可直接影响焊缝的成分、组织和性能。如需提高焊缝的韧性,可以采取两种措施:①通过焊接材料向焊缝中加入微量合金元素(如Ti、Mo、Nb、V、Zr、B和稀土等)进行变质处理,从而提高焊缝的韧性;②适当降低焊缝中的碳含量,并尽可能排除焊缝中的硫、磷、氧、氮和氢等杂质,也可提高焊缝的韧性。

(3) 焊接时的金属凝固结晶和相变过程。随着热源离开,经过化学冶金反应的熔池金属就开始凝固结晶,金属原子由近程有序排列转变为远程有序排列,即由液态转变为固态。对于具有同素异构转变的金属,随着温度下降,将发生固态相变。因为在焊接条件下是快速连续冷却,并受局部拘束应力的作用,因此,可能产生偏析、夹杂、气孔、热裂纹、冷裂纹和脆化等缺陷。基于上述原因,控制和调整焊缝金属的凝固结晶和相变过程,就成为保证焊接质量的关键。

焊接接头是由两部分所组成,即焊缝和热影响区,其间有过渡区,称为熔合区。焊接时除必须保证焊缝金属的性能之外,还必须保证焊接热影响区的性能。

2.1.4　焊接温度场

焊接时焊件上各点的温度每一时刻都在变化,而且呈现出一定的变化规律。焊件某瞬时的温度分布称为"温度场"。焊接温度场的分布情况可以用等温线或等温面表示,所谓等温线或等温面,就是把焊件上瞬时温度相同的各点连接在一起,成为一条线或一个面。各个等温线或等温面彼此之间不能相交,而存在一定的温度差,这个温度差的大小可以用温度梯度来表示。

2.2　焊接技术的分类

按照焊接方法,焊接技术可分为熔化焊、压力焊和钎焊三种类型,如图 2-2 所示。

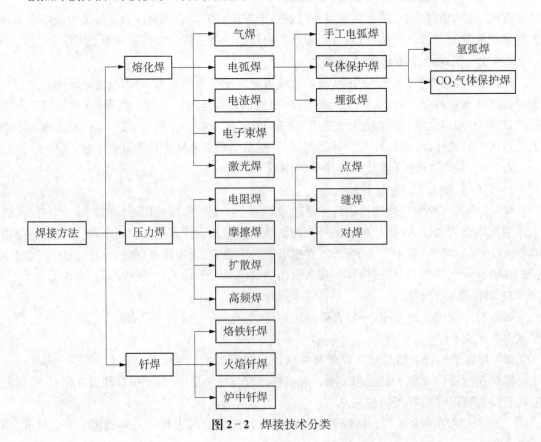

图 2-2　焊接技术分类

1）熔化焊

熔化焊是指将连接处的金属在高温等的作用下至熔化状态而完成的焊接方法,该方法可形成牢固的焊接接头。由于被焊工件是紧密贴在一起的,在温度场、重力等因素的作用下,不加压力,两个工件熔化的融液会发生混合现象。待温度降低后,熔化部分凝结,两个工件就被焊在一起,完成焊接过程。由于在焊接过程中固有的高温相变过程,在焊接区域就产生了热影响区。固态焊接和熔焊正相反,固态焊接没有金属的熔化。

2）压力焊

压力焊是指在加热或不加热状态下对组合焊件施加一定压力,以使其产生塑性变形或熔化,并通过再结晶和扩散等作用,使两个分离表面的原子达到形成金属键而连接的焊接方法。常用压力焊的类型有电阻焊、锻焊、接触焊、摩擦焊、气压焊、冷压焊和爆炸焊等。

3）钎焊

钎焊是采用比母材熔点低的金属材料作钎料,将焊件和钎料加热到高于钎料熔点、低于母材熔化温度,利用液态钎料润湿母材,填充接头间隙并与母材相互扩散实现连接焊件的方法。

按照 ISO 4063—2023 标准,常用焊接方法采用数字标记和英文名称及缩写表示,见表 2-1。

表 2-1　焊接方法采用数字标记和英文名称及缩写

焊接方法	数字标记	英文名称	英文缩写
气焊	3	air-acetylene welding	AAW
氧乙炔焊	311	oxyacetylene welding	OAW
金属电弧焊	11	metal arc welding	MAW
焊条电弧焊	111	shield metal arc welding	SMAW
药芯焊丝金属电弧焊	114	flux cored arc welding	FCAW
埋弧焊	12	submerged arc welding	SAW
金属极气体保护焊	13	gas metal arc welding	GMAW
熔化极活性气体保护电弧焊	135	metal active gas arc welding	MAG
非惰性气体保护药芯焊丝电弧焊	136	gas-shielded flux cored arc welding	FCAW-S
熔化极惰性气体保护焊	131	metal inert gas welding	MIG
钨极气体保护焊	14	gas tungsten arc welding	GTAW
非熔化极惰性气体保护电弧焊	141	tungsten inert gas welding	TIG
等离子电弧焊	15	plasma arc welding	PAW
激光焊	52	laser beam welding	LBW
电子束焊	51	electron beam welding	EBW
压力焊	4	pressure welding	PW
电阻焊	2	resistance welding	RW
电阻点焊	21	resistance spot weld	RSW
摩擦焊	42	friction welding	FW
电渣焊	72	electroslag welding	ESW

金属材料常用的焊接方法见表2-2。

表 2-2　金属材料常用的焊接方法

母材	焊接方法								
	SMAW	GTAW	PAW	SAW	GMAW	FCAW	ESW	EBW	OAW
铝	C	A	A	No	A	No	Exp	B	B
铜基合金									
黄铜	No	C	C	No	C	No	No	A	A
青铜	A	A	B	No	A	No	No	A	B
紫铜	C	A	A	No	A	No	No	A	A
铜镍合金	B	A	A	No	A	No	No	A	A
铁									
铸铁、球墨铸铁、可锻铸铁	A	B	B	No	B	B	No	A	A
锻铁	A	B	B	A	A	A	No	A	A
铅	No	B	B	No	No	No	No	No	A
镁	No	A	B	No	A	No	No	No	No
镍基合金									
因康镍合金	A	A	A	No	A	No	No	A	B
蒙尔乃合金	A	A	A	C	A	No	No	A	B
镍	A	A	A	C	A	No	No	A	B
镍银合金	No	C	C	No	C	No	No	A	B
贵金属	No	A	A	No	Exp	No	No	A	B
钢									
合金钢	A	A	A	B	A	A	A	A	A
低合金钢	A	A	A	A	A	A	A	A	A
中碳钢和高碳钢	A	A	A	B	A	A	A	A	A
低碳钢	A	A	A	A	A	A	A	A	A
不锈钢	A	A	A	A	A	A	B	A	C
工具钢	A	A	A	No	C	No	No	A	A
钛	No	A	A	Exp	A	No	No	No	No
钨	No	B	A	No	No	No	No	No	No
锌	No	C	C	No	No	No	No	No	C

注：A—推荐使用或可焊性好；B—可用，但非最佳选择，或焊接时需要采取一定的处理措施；C—可用，但使用较少或可焊性差；No—不推荐使用或可焊接性极差；Exp—试验中。

2.3　常用的焊接技术及其原理

2.3.1　焊接电弧及其性质

电弧是一切电弧焊焊接方法的能源,它是一种气体放电现象。焊接电弧是指在一定条件下,两电极之间产生的强烈持久的气体放电现象。焊接电弧不同于一般电弧,它有一个从点到面的轮廓,其中的点是电弧电极的端部;面是电极覆盖工件的面积。电弧由电极的端部扩展到工件,其温度分布并不一致,从横截面来看,温度是从外层向电弧心渐渐升高的;从纵向来看,阳极和阴极的温度特别高。焊接电弧的主要作用是把电能转换成热能,同时产生光辐射和响声(电弧声)。电弧的高热可用于焊接、切割和冶炼等。

1) 电弧的物理特性

焊接电弧是由焊接电源供电的、具有一定电压的两电极间或电极与焊件间气体介质产生的强烈而持久的放电现象。通常情况下,气体的分子和原子呈中性,气体中没有带电粒子,即使在电场作用下,也不会产生气体导电现象,因而电弧不能自发产生。要使电弧引弧并稳定地燃烧,就必须使两电极间的气体电离产生导电粒子。

2) 焊接电弧的结构

焊接电弧在长度方向上,由于气体导体粒子的特性变化,电弧的阻抗也发生变化。通常将电弧分成三个区域,其中靠近阴、阳极分别称为阴极区和阳极区,中间的部分称为弧柱区,电弧压降分布如图 2-3 所示。阴极区的长度非常小,只有 $10^{-6} \sim 10^{-5}$ cm;阳极区的长度也只有 $10^{-4} \sim 10^{-3}$ cm;弧柱区则占据电弧的主要长度。在电弧电压的分布上,阴极区的压降(U_K)为 $10 \sim 20$ V;弧柱区压降(U_O)为 $10 \sim 30$ V;阳极区压降(U_A)为 $2 \sim 3$ V。

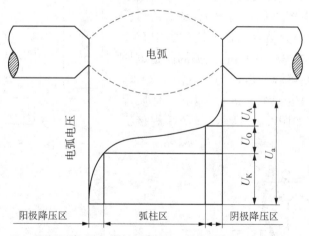

U_A—阳极压降;U_K—阴极压降;U_O—弧柱压降;U_a—电弧电压

图 2-3　电弧压降分布图

3) 电弧中温度及能量的分布

焊接电弧的结构特点决定了电弧中各区域温度及能量分布都不均匀。焊接电弧的温度场随着电极材料、气体种类、焊接电流大小及焊接方法不同而不同。一般情况下,弧柱区的温度较高,两电极温度较低,这主要是由于电极温度受到电极的材料种类、焊接性能以及熔点和沸点的限制,而弧柱区则没有。

4）电弧的静特性

在电极材料、气体介质和弧长一定的情况下，电弧稳定燃烧时，焊接电流与电弧电压的变化关系称为焊接电弧的静特性。电弧电压将随弧长增大而增高，在电弧电压一定时，过分地增大弧长将会导致断弧。

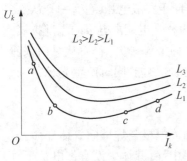

图 2-4　电弧的静特性

在弧长一定时，电弧静特性都呈 U 形，如图 2-4 所示。图 2-4 中横轴 I_k 为焊接电流，纵轴 U_k 为电弧电压。图中 ab 段，电流较小（焊条电弧焊约 100 A 以下，埋弧焊约 400 A 以下），要求电源提供较高电压，一般要比正常电弧电压高 0.5～1 倍才能保证顺利引弧；随着电流的增大，弧柱温高度和电离程度都增加，弧柱压降减小，曲线呈下降形状。图中 bc 段，为中等电流（焊条电弧焊 100～200 A，埋弧焊 400～800 A），由于弧柱已充分电离，随着电流的增加电弧电压基本不变，曲线呈水平形状。图中 cd 段，电流密度很大，由于弧柱截面受电极截面限制难以增大，电弧电压随着电流的增加而增高。曲线呈上升形状，实际生产中，因 ab 段电流较小，电弧不稳定，很少应用；主要应用 bc 段；只有在气体保护焊、水下电弧焊、等离子（压缩电弧）弧焊或切割时，才用上升的 cd 段电弧特性。

2.3.2　熔化极活性气体保护电弧焊(MAG)

2.3.2.1　MAG 焊接原理

MAG 焊接是以成卷的焊丝为熔化极，焊丝由送丝机自动输送到焊炬；来自电源的电流经过导电端送给焊丝，使母材和焊丝之间产生电弧，从而使母材和熔丝熔融，实现两部分结合。在上述过程中 CO_2 或 Ar 气在作业时通过焊枪喷嘴，在电弧周围造成局部的气体保护层以使熔滴和熔池与空气隔离开来，从而保护焊接过程稳定持续地进行，以获得优质焊缝。MAG 焊接原理如图 2-5 所示。MAG 焊接机组成如图 2-6 所示。

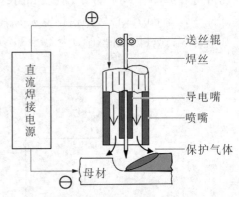

图 2-5　MAG 焊接原理

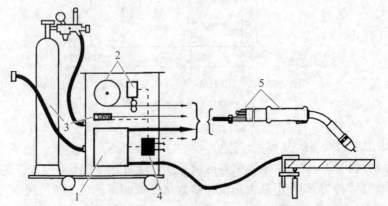

1—焊接电源；2—丝盘及送丝机构；3—流量计及保护气体输送管路；4—控制箱；5—焊枪

图 2-6　MAG 焊接机组成

　　MAG 焊接是在氩气中加入少量的氧化性气体(氧气、二氧化碳或其混合气体)的一种混合气体保护焊。中国常用的是 80% Ar＋20% CO_2 的混合气体,由于混合气体中氩气占的比例较大,故常称为富氩混合气体保护焊。

　　1) MAG 焊接的主要优点

　　(1) 生产率高。由于焊接电流密度较大,能量集中,引弧容易,电弧热量利用率较高,连续送丝电弧不中断,单位时间内熔化焊丝比手工电弧焊快一倍,焊后无须清渣,因此提高了生产率。

　　(2) 成本低。CO_2 气体价格低,而且电能消耗少,所需成本为埋弧自动焊的 30%、手工电弧焊的 37%。

　　(3) 焊接质量好。对铁锈不敏感,焊缝含氢量低,抗裂性能好,受热变形小。

　　(4) 操作简便。焊接时可以观察到电弧和熔池的情况,故操作较容易。

　　(5) 适用范围广。可适用于碳钢、低碳钢、高强度钢、普通铸钢、不锈钢、耐热钢的全方位焊接。

　　2) MAG 焊接的主要缺点

　　(1) 飞溅较大,并且焊缝表面成型较差。

　　(2) 弧光强,特别是大电流焊接时,电弧的光热辐射均较强。

　　(3) 很难用交流电源进行焊接,焊接设备比较复杂。

　　(4) 不能在有风的地方施焊。

2.3.2.2　MAG 焊接的应用

　　MAG 焊接保护气体主要包括 Ar＋O_2、Ar＋CO_2、Ar＋CO_2＋O_2、Ar＋He,这些保护气体的特点和应用场合如下:

　　1) Ar＋O_2

　　Ar 和 O_2 组成的混合气体可用于碳钢、不锈钢等高合金钢和高强度钢的焊接。该方法的优点是克服了纯氩气保护焊接不锈钢时存在的液体金属黏度大、表面张力大而易产生气孔,焊缝金属润湿性差而易引起咬边,阴极斑点飘移而产生电弧不稳等问题。焊接不锈钢等高合金钢及强度级别较高的高强度钢时,O_2 的含量(体积)应控制在 1%～5%。用于焊接碳钢和低合金钢时,Ar 中加入 O_2 的含量可达 20%。

　　2) Ar＋CO_2

　　该混合气体被用来焊接低碳钢和低合金钢。常用的混合比(体积)为 Ar 80%＋CO_2 20%,它既具有 Ar 电弧稳定、飞溅小、容易获得轴向喷射过渡的优点,也具有氧化性。克服了氩气焊接时表面张力大、液体金属黏稠、阴极斑点易飘移等问题,同时对焊缝蘑菇形熔深有所改善。

　　3) Ar＋CO_2＋O_2

　　用 Ar 80%＋CO_2 15%＋O_2 5%混合气体(体积比)焊接低碳钢、低合金钢时,无论焊缝成形、接头质量或金属熔滴过渡和电弧稳定性方面都比上述两种混合气体要好。

　　4) Ar＋He

　　采用 30%～80% Ar 混合气体焊接时,随着气体配比的变化,电弧形状也发生变化。当氦气在混合气体中比例增大时电弧逐渐收缩,特别是当为纯氦气时,电弧形态较纯氩气时有明显的改变,电弧收缩严重,弧柱细而集中。电弧颜色由白亮转变为橙黄,这主要是由于纯氦气的谱线位于橙色波长范围内,随着氦气比例的增大,电弧中氦原子电离、复合的数目逐渐增多,其谱线的相对强度也不断增大,宏观上电弧颜色逐渐由白亮向橙色变化。

2.3.3 熔化极惰性气体保护焊(MIG)

2.3.3.1 MIG 焊接原理

MIG 焊接原理如图 2-7 所示。它采用可熔化的焊丝作为电极,在惰性保护气体中母材与焊丝间产生电弧,盘状的焊丝以连续送进与被焊工件之间燃烧的电弧作为热源来熔化焊丝与母材金属,从而实现结合。在焊接过程中,保护气体氩气通过焊枪喷嘴连续输送到焊接区,使电弧、熔池及其附近的母材金属免受周围空气的影响。焊丝不断熔化以熔滴形式过渡到焊池中,与熔化的母材金属熔合、冷凝后形成焊缝金属。MIG 与 CO_2 MAG 焊接原理基本相同,区别是 MIG 焊接时所用的保护气体为氩气等惰性气体。

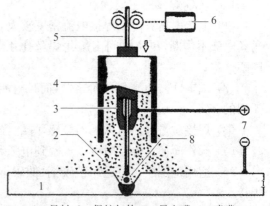

1—母材;2—保护气体;3—导电嘴;4—喷嘴;
5—焊丝;6—送丝机;7—直流;8—电弧

图 2-7 MIG 焊接原理

MIG 焊接的主要优点包括:①电弧稳定、飞溅少、焊缝外观漂亮;②焊丝熔化速度快、熔深深、焊接效率高;③可以焊接铝、不锈钢、铜合金等各种金属,使用广泛;④由于使用惰性气体作保护,可以获得不混有不纯物的良好的焊缝。

MIG 焊接的主要缺点是:作为气体保护电弧焊特有的"难以在强风环境中处使用",以及保护气体价格相对较高等。

2.3.3.2 MIG 焊接的应用

(1) MIG 焊接的应用见表 2-3。

表 2-3 MIG 焊接应用

保护气体	适 用 材 料					
	低合金钢	不锈钢	铝	铜合金	镍	钛
Ar			○	○	○	○
Ar+2%~5% O_2	○	○				
Ar+5%~10% CO_2	○	○				
Ar+He			○	○	○	○

(2) MIG 焊接适应的熔滴过渡方式与作业类型见表 2-4。

表 2-4 MIG 焊接适应的熔滴过渡方式与焊接作业类型

焊机类型	使用焊丝/mm	溶滴过渡方式	用途
200~500 A MIG	0.9~1.6	射流过渡或亚射流	中板、厚板焊接平焊、水平角焊
	0.9~1.2	短路过渡	薄板、中板焊接(全位置)

(续表)

焊机类型	使用焊丝/mm	溶滴过渡方式	用途
200～400 A 脉冲 MIG	0.9～1.6	介于大滴状过渡与射流过渡的中间过渡	薄板、中板焊接(全位置)
100～125 A 细丝 MIG	0.4～0.8	短路过渡	薄板焊接(全位置)

2.3.4 非熔化极惰性气体保护电弧焊(TIG)

2.3.4.1 TIG 焊接原理

TIG 焊接原理如图 2-8 所示,它是在惰性气体的保护下,利用钨电极与工件间产生的电弧热(弧柱的温度达 5 000～10 000 ℃)熔化母材和填充焊丝从而实现连接的一种焊接方法。焊接时保护气体从焊枪的喷嘴中连续喷出,在电弧周围形成气体保护层以隔绝空气,防止空气对钨极、熔池及邻近热影响区的有害影响,从而可获得优质的焊缝。保护气体可采用氩气、氦气或氩氦混合气体。在特殊应用场合,可添加少量的氢气。用氩气作为保护气体的称钨极氩弧焊,用氦气的称钨极氦弧焊。

TIG 焊接设备组成如图 2-9 所示,主要包括焊接电源、高频发生装置和控制装置、焊枪和附属设备(遥控器、焊丝供给装

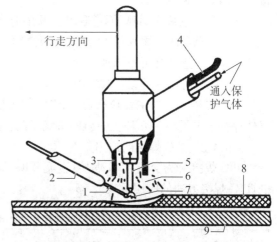

1—焊接填充丝;2—焊接填充丝导管;3—气体喷嘴;
4—电流导体;5—非熔化的钨极;6—保护气体;
7—电弧;8—工件母材;9—铜垫板

图 2-8 TIG 焊接原理

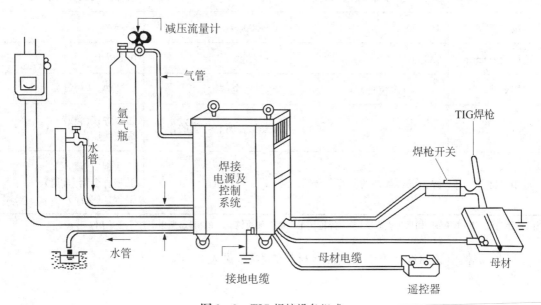

图 2-9 TIG 焊接设备组成

置、冷却水循环装置、氩气瓶、氩气表及流量计等）；其中，高频发生装置、控制装置都内藏在焊接电源中。

TIG 焊接方法的主要优点包括：

（1）由于有惰性气体保护，对焊缝金属的保护效果好，所以在熔接金属中极少混入杂质，从而能获得高质量的焊接结果。

（2）能焊接工业中使用的几乎所有的金属（铅、锡等低熔点金属除外）。

（3）焊接过程无飞溅，操作简便。

（4）能实现任何形式的接头焊接，而且焊接姿态不受限制。

（5）即使在小电流区域也能获得稳定的电弧，所以适合于薄板焊接。另外 TIG 焊接容易得到单面焊双面成型。

（6）TIG 电弧为明弧，能观察电弧及熔池。

（7）填充金属的添加量不受焊接电流的限制。

（8）在一些场合可不添加金属。

（9）能进行脉冲焊接，以减少热输入。

TIG 焊接方法的主要缺点是：惰性气体价格高；与 MIG 焊接方法比较，其焊接速度慢；受气体保护的电弧容易受环境中风的影响；焊缝金属易于受钨的污染。

2.3.4.2　TIG 焊接的应用

TIG 焊接分为交流 TIG 焊接、直流 TIG 焊接和脉冲 TIG 焊接三种，不同电极极性和电流的 TIG 焊接方法的应用见表 2-5。

表 2-5　不同电极极性和电流的 TIG 焊接方法的应用

保护气体	直流 TIG 焊接	交流 TIG 焊接	脉冲 TIG 焊接
电源外特性	恒电流	缓降特性或恒电流	脉冲电流
极性	直流正接（焊枪接电源负极）	交流	直流正接或交流
使用电流/A	4~500	10~500	1~500
适用板厚/mm	0.3 以上	0.5 以上	0.1 以上
焊接姿势	全姿势（全位置）	全姿势（全位置）	全姿势（全位置）
特点		有去除表面氧化膜的作用	适合焊接薄板 焊接速度高
适用母材	除活泼金属外的所有合金	铝合金 镁合金	不锈钢（直流） 低碳合金钢（直流） 铝合金（交流）

注：使用直流 TIG 焊接时，如果是直流反接法（焊枪接正），就会加快钨电极的损耗，所以一般不予采用。

TIG 焊接电源的选择主要依据焊接材料的类型，见表 2-6。

表 2-6 TIG 焊接(含脉冲)电源的选择

被焊接材料	交流焊机	直流焊机(正接)	被焊接材料	交流焊机	直流焊机(正接)
碳素钢	△	○	硅铜、脱氧铜	×	○
铸铁	△	○	黄铜	△	○
不锈钢	△	○	银	△	○
铝	○	×	铬合金	△	○
镁	○	×			

注:△—最佳;○—良好;×—最差。

TIG 焊接中交流电源主要适用于必须利用电弧除去母材表面氧化膜的金属焊接,例如铝、镁合金。其他金属要采用直流电源正接进行焊接。

可用于 TIG 焊接的保护气体主要有氩、氦、氩-氦混合气体和氩-氢混合气体。

1) 不同保护气体的特点

(1) 氩。

① 电弧电压低。产生的热量少,氩适用于薄金属的 TIG 焊接。

② 良好的清理作用。适合焊接形成难熔氧化皮的金属,如铝、铝合金及含铝量高的铁基合金等。

③ 容易引弧。焊接薄件金属时特别重要。

④ 气体流量小。氩比空气重,保护效果好,比氦气受空气流动的影响小。

⑤ 适合立焊和仰焊。氩能较好地控制立焊和仰焊时的熔池,但保护效果较氦差。

⑥ 焊接异种金属。一般氩气优于氦气。

(2) 氦。

① 电弧电压高。电弧产生的热量大,适合于焊接厚金属和具有高热导率的金属。

② 热影响区小。焊接变形小,并可获得较高的力学性能。

③ 气体流量大。氦气比空气轻,气体流量比氩气大 0.2~2 倍,氦气对空气流动比较敏感,但氦气对仰焊和立焊的保护效果更好。

④ 自动焊速度高。焊接速度大于 66 mm/s 时,可获得气孔和咬边比较小的焊缝。

(3) 氩-氦。

具有氩保护气和氦保护气两者的优点,一般混合气体比例是氦 75%~80% 加氩 25%~20%。

(4) 氩-氢。

① 电弧电压高。电弧热功率提高,增加了熔透,并防止咬边,可提高焊速。

② 抑制 CO 气孔。CO 具有还原作用,在一定条件下可使某些金属氧化物或氮化物还原;焊接不锈钢、镍基合金和镍铜合金时,可消除焊缝中的 CO 气孔,常用成分为 Ar+15% He。

2) 不同保护气体适用的母材及特点

(1) 铝合金。

① 氩气。采用交流焊接具有稳定电弧和良好的表面清理作用。

② 氩-氦混合气体。具有良好的清理作用和较高的焊接速度、熔深,但电弧稳定性不如纯氩。

③ 氦气。(直流正接)对化学清洗的材料能产生稳定的电弧和具有较高的焊接速度。

(2) 铝青铜。

氩气:在表面堆焊中,可减少母材的熔深。

(3) 黄铜。

氩气:电弧稳定,蒸发较少。

(4) 钴基合金。

氩气:电弧稳定且容易控制。

(5) 铜-镍合金。

氩气:电弧稳定且容易控制,也适用于铜镍合金与钢的焊接。

(6) 无氧铜。

氦气:具有较大的热输入量;氦75%、氩25%的混合气体,电弧稳定,适合焊接薄件。

(7) 因康镍。

氩气:电弧适合高速自动焊。

(8) 低碳钢。

① 氩气。适合手工焊接,焊接质量取决于焊工的操作技巧。

② 氦气。适合高速自动焊,熔深比氩气保护更大。

(9) 镁合金。

氩气:采用交流焊接,具有良好的电弧稳定性和清理作用。

(10) 马氏体时效钢。

氩气:电弧稳定且容易控制。

(11) 钼-0.5钛合金。

氩气、氦气。两种气体同样适用,要得到良好塑性的焊缝,必须把焊接气氛中含氮量保持在0.1%以下、含氧量保持在0.005%以下,因此必须保护适当。

(12) 蒙乃尔。

氩气:电弧稳定且容易控制。

(13) 镍基合金。

① 氩气。电弧稳定且容易控制。

② 氦气。适合高速自动焊接。

(14) 硅青铜。

氩气:可减少母材和焊缝熔敷金属的热脆性。

(15) 硅钢。

氩气:电弧稳定且容易控制。

(16) 不锈钢。

氦气:电弧稳定并可得到比氩气更大熔深。

(17) 铁合金。

① 氩气。电弧稳定且容易控制。

② 氦气。用于高速自动焊接。

不同材料焊接时所用的电源种类和极性见表2-7。

表 2 - 7　不同材料焊接时所用的电源种类和极性

材料	直流		交流	材料	直流		交流
	正极性	反极性			正极性	反极性	
铝（厚度 2.4 mm 以下）	×	○	△	高碳钢、低碳钢	△	×	○
铝（厚度 2.4 mm 以下）	×	×	△	低合金钢	×	○	△
铝青铜、铍青铜	×	○	△	镁（3 mm 以下）	×	○	△
铸铝	×	○	△	镁（3 mm 以下）	×	○	○
黄铜、铜基合金	△	×	○	镁铸件	△	×	○
铸铁	△	×	△	高合金、镍与镍基合金、不锈钢	△	×	△
无氧铜、硅青铜	△	×	×				
异种金属	△	×	○	钛、银	△	×	○
堆焊	○	×	△				

注：△—最佳；○—良好；×—最差。

2.3.5　埋弧焊(SAW)

2.3.5.1　SAW 焊接原理

埋弧焊的原理如图 2 - 10 所示。在焊件待焊处均匀堆敷颗粒状的焊剂,在导电嘴和焊件分别连接焊接电源两极;电源接通后产生电弧,该电弧掩藏在焊剂层下,以粒状焊剂为保护介质,焊接过程中焊丝自动进给,并与母材熔融而连接在一起,从而形成焊缝。

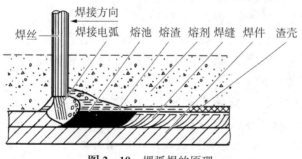

图 2 - 10　埋弧焊的原理

1) 埋弧焊的主要优点

(1) 电弧性能独特。焊缝质量高、熔渣隔绝空气保护效果好,电弧区主要成分为 CO_2,焊缝金属中含氮量、含氧量大大降低,焊接参数自动调节,电弧行走自动化,熔池存在时间长,冶金反应充分,抗风能力强,所以焊缝成分稳定,力学性能好;同时埋弧焊劳动条件好,熔渣隔离弧光有利于焊接操作。

(2) 弧柱电场强度高。焊接设备调节性能好,由于电场强度较高,调节系统的灵敏度较高,这使得焊接过程的稳定性提高,焊接电流下限较高。

(3) 生产效率高。由于焊丝导电长度缩短,电流和电流密度显著提高,使电弧的熔透能力和焊丝的熔敷速率大大提高;又由于焊剂和熔渣的隔热作用,热效率大大增加,并使焊接速度大大提高。

2) 埋弧焊的主要缺点

(1) 焊接方位受限制。由于焊剂保持的原因,若不采用特殊措施,则埋弧焊主要用于水平位置焊缝焊接,而不能用于横焊、立焊和仰焊。

(2) 焊接材料种类受限。不能焊接铝、钛等氧化性强的金属及其合金,主要用于焊接黑色金属。

(3) 只适合于长焊缝焊接。这种焊接方式的原理决定了它只适合于长焊缝焊接,且不能焊接空间位置有限的焊缝。

(4) 不能直接观察到电弧。由于点焊埋藏在熔渣下,焊接过程中不能直接观察到焊接电弧。

(5) 适用范围受限。这种焊接方式的焊接原理决定了它不适用于薄板和小电流焊。

2.3.5.2 埋弧焊的应用

由于埋弧焊熔深大、生产率高、自动化程度高,因而适于焊接中厚板结构的长焊缝。目前这种焊接方式在造船、锅炉与压力容器、机械、核电站结构、海洋结构和武器等制造领域得到广泛应用,也是当前焊接生产中最普遍使用的焊接方法之一。埋弧焊除了用于金属结构中构件的连接外,还可在基体金属表面堆焊耐磨或耐腐蚀的合金层。随着焊接冶金技术与焊接材料生产技术的进步,埋弧焊能焊的材料已从碳素结构钢发展到低合金钢、不锈钢、耐热钢等,以及某些有色金属,如镍基合金、钛合金和铜合金等。

2.3.6 点焊

点焊是指利用柱状电极给焊件通过焊接电流局部发热,并在焊件的接触加热处施加压力,在两块搭接工件接触面之间形成焊点的焊接方法。点焊原理如图 2-11 所示。

点焊是在焊件间靠熔核进行连接,熔核应均匀、对称分布在焊件的贴合面上;点焊具有大电流、短时间、压力状态下进行焊接的工艺特点;它是热-机械(力)联合作用的焊接过程,根据供电形式可分为单面焊及双面焊两类。

点焊的主要优点包括:①焊接准备时间短,作业效率高;②焊接成本低;③焊接过程中热量都集中在局部区域,被焊接材料很少发生热变形,焊接质量好;④焊接过程中不排出有害气体和强光。

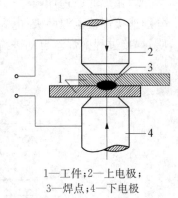

1—工件;2—上电极;
3—焊点;4—下电极

图 2-11 点焊原理

点焊的焊接工艺规范包括焊接方法、焊前准备加工、装配、焊接材料、焊接设备、焊接顺序、焊接操作、焊接工艺参数及焊接后处理等。

点焊的主要用途和焊接工艺参数见表 2-8。

表 2-8 点焊的主要用途和焊接工艺参数

焊接母材	焊接厚度	焊接方位	焊接工艺参数
低碳钢、低合金钢、高碳钢、高锰钢、不锈钢、铝合金和钛合金等	小于 5 mm	可进行全方位焊接	(1) 电极的端面形状 (2) 电极尺寸 (3) 电极压力 (4) 焊接时间 (5) 焊接电流

2.3.7 电子束焊接

2.3.7.1 电子束焊接原理

电子束焊接原理如图2-12所示,在真空条件下,从电子枪中发射的电子束在高压静电场(通常为20~300 kV)加速作用下,通过电磁透镜聚焦成高能量密度的电子束。当电子束轰击工件时,电子的动能转化为热能,焊区的局部温度可以骤升到6 000℃以上。使工件材料局部熔化形成熔池,实现焊接,根据被焊工件所处环境的真空度,可将电子束焊分为高真空电子束焊、低真空电子束焊和非真空电子束焊三种。

电子束焊接焊缝形成过程如图2-13所示,经电子枪产生,并由高压加速和电子光学系统汇聚成的功率密度很高的电子束撞击到工件表面,电子的动能转换为热能,使金属迅速熔化和蒸发。在高压金属蒸气的作用下,熔化的金属被排开,电子束就能继续撞击深处的固态金属,同时很快在被焊工件上钻出一个锁性小孔,小孔的周围被液态金属包围。随着电子束与工件的相对移动,液态金属沿小孔周围流向熔池后部,逐渐冷却、凝固形成焊缝。

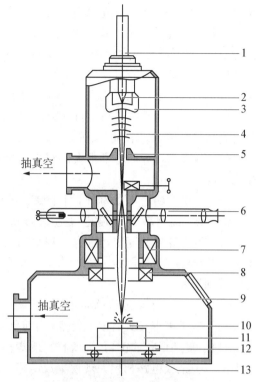

1—高压电缆;2—灯丝(阴极);3—控制极(阴极);
4—高压静电场;5—阳极;6—光学观察系统;7—磁透镜;
8—偏转线圈;9—电子束;10—工件;11—工作台;
12—传动机构;13—焊接工作室

图2-12 电子束焊接原理

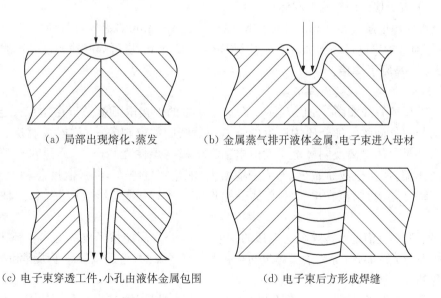

(a) 局部出现熔化、蒸发　　(b) 金属蒸气排开液体金属,电子束进入母材

(c) 电子束穿透工件,小孔由液体金属包围　　(d) 电子束后方形成焊缝

图2-13 电子束焊接焊缝形成过程

电子束焊接的特点如下:

(1) 几乎可以焊接各种金属,如有色金属、黑色金属、活性金属及其合金;由于电子束功率

高达 $10^5 \sim 10^7$ W/cm^2，比电弧焊高 1000 倍以上，所以可以焊接耐熔材料，如钨、钼等。

（2）焊缝熔区既深又窄，深宽比可达 50:1，焊件变形可忽略不计，很多精密零件焊后仍然保持精度，并不需要再次精加工，比常规焊接方法可节省大量工时。

（3）电子束不仅能量密度高，而且可精确控制。被焊零件的厚度可薄至 0.05 mm、厚至 300 mm（钢）；如果是铝可达到 550 mm，不用开坡口一次就焊透。

（4）焊接在真空中进行，可以避免空气中的氢和氧对焊缝的影响，较活性的材料焊接也能获得高质量焊缝，如钼、铀、钛等。

（5）两种物理性质差别很大的材料也能焊接，比如非常薄的铜片与非常厚的钢制零件焊接到一起。

（6）电子束的能量非常高，对于 0.8 mm 钢板来说，焊接速度可达 200 mm/s，即使焊接 200 mm 厚的锰钢，焊接速度也可达 300 mm/min，这是常规焊接方法难以达到的。

（7）由于焊接速度快，温度高，焊接熔区非常小，这种焊接方式的输入能量比常规焊接少得多，因此热影响区就较小，电子束的能量可以非常精确地控制，焊缝质量和零件尺寸一致性可以得到保障。

2.3.7.2 电子束焊接的应用

由于电子束焊接具有以上特点，当前已被广泛地应用于高硬度、易氧化或韧性材料的微细小的打孔、复杂形状的铣切、金属材料的焊接、熔化和分割、表面淬硬、光刻和抛光，以及电子行业中的微型集成电路和超大规模集成电路等的精密微细加工中。

1）电子束焊接可焊母材

一般熔焊能焊的金属，都可以采用电子束焊，如铁、铜、镍、铝、钛及其合金等；也能焊接稀有金属、活性金属、难熔金属和非金属陶瓷等；焊接熔点、热导率、溶解度相差很大的异种金属。焊接热处理强化或冷作硬化的材料，而接头的力学性能不发生变化。

2）电子束焊接件的结构形状和尺寸

单道焊接厚度超过 100 mm 的碳素钢、厚度超过 400 mm 的铝板，焊接时无须开坡口和填充金属；焊薄件的厚度可小于 2.5 mm，甚至薄到 0.025 mm，也可焊厚薄相差悬殊的焊件。

2.3.8 等离子焊接

2.3.8.1 等离子焊接原理

等离子焊接原理如图 2-14 所示。图 2-14 中的焊接电弧就是指在加有一定电压的电极或电极与焊件间的气体介质中产生的强烈而持续的放电现象，也称电弧燃烧。电弧燃烧的必要条件是气体电离及阴极电子发射电弧在电极与焊件之间产生，通过水冷喷嘴内腔受到强烈的压缩，使弧柱截面缩小，电流密度增大，能量密度增大，电弧温度急剧上升，电弧介质的电离程度剧增，以至在电弧中心部分接近完全电离，最终形成明亮的、细柱状的等离子弧。

等离子弧焊是借助水冷喷嘴对电弧的拘束作用，获得高能量密度的等离子弧进行焊接的方法。按焊缝成形原理，等离子弧焊包括小孔型等离子弧焊、熔透型等离子弧焊和微束等离子弧焊三种基本方法，其特点分别如下：

（1）小孔型等离子弧焊。小孔型焊又称穿孔、锁孔或穿透焊，它是利用等离子弧能量密度大和等离子流力强的特点，将工件完全熔透并产生一个贯穿工件的小孔。被熔化的金属在电弧吸力、液体金属重力与表面张力相互作用下保持平衡。焊枪前进时，小孔在电弧后方锁闭，形成完全熔透的焊缝。

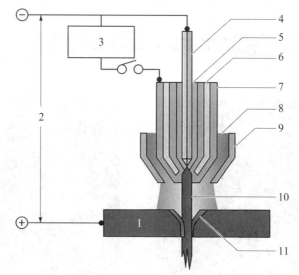

1—母材;2—主电弧电源;3—引弧电源;4—钨电极;5—引弧气体;
6—冷却水;7—冷水喷嘴;8—保护气体;9—保护盖;
10—等离子弧焊(电流通路);11—熔池

图2-14 等离子焊接原理

穿孔效应只有在足够的能量密度条件下才能形成。若板厚增加,则所需能量密度也增加。由于等离子弧能量密度的提高有一定限制,因此小孔型等离子弧焊只能在有限板厚内进行。

(2)熔透型等离子弧焊。当离子气流量较小、弧抗压缩程度较弱时,这种等离子弧在焊接过程中只熔化工件而不产生小孔效应。该方式焊缝成形原理和钨极氢弧焊类似,此种方法也称熔入型或熔蚀法等离子弧焊。主要用于薄板加单面焊双面成形及厚板的多层焊。

(3)微束等离子弧焊。15～30 A以下的熔入型等离子弧焊接通常称为微束等离子弧焊接。由于喷嘴的拘束作用和维弧电流的同时存在,使小电流的等离子弧可以十分稳定,现已成为焊接金属薄箔的有效方法。为保证焊接质量,应采用精密的装焊夹具保证装配质量和防止焊接变形。工件表面的清洁程度应给予特别重视。

2.3.8.2 等离子焊接的应用

小孔型等离子弧焊、熔透型等离子弧焊和微束等离子弧焊的应用如下:

(1)小孔型等离子弧焊。单层厚度:①不锈钢3～8 mm;②钛及其合金≤12 mm;③镍及其合金≤6 mm;④低合金钢2～8 mm;⑤低碳钢2～8 mm;⑥低碳钢2～8 mm;⑦铜及其合金≈2.5 mm。

(2)熔透型等离子弧焊。主要用于薄板(0.5～5 mm)的焊接,以及厚板多层焊的第二层及以后各层的焊接。

(3)微束等离子弧焊。用于超薄金属零件精密焊接。

2.4 焊接接头强度

焊接件工作时,焊接接头一般要承受一定的载荷,为了保证在一定外载荷作用下的焊接接头不产生破坏,需要引入"强度"的概念。强度是指零件抵抗破坏的能力,满足强度要求也是焊接件的最基本要求。零部件因强度不足引起破坏的基本形式有拉伸断裂、弯曲断裂、剪切断裂和扭转断裂四种,如图2-15所示。

(a) 拉伸断裂

(b) 弯曲断裂　　　　　　　　　　　(c) 剪切断裂

(d) 扭转断裂

图 2-15　材料四种常见的破坏形式

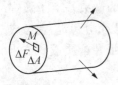

图 2-16　应力定义

为了从力学上解释上述四种破坏形式,需要引入"应力"的概念。当材料在外力作用下,它的几何形状和尺寸将发生变化,这种形变称为应变。材料发生形变时内部产生了大小相等但方向相反的反作用力以抵抗外力,定义单位面积上的这种反作用力为应力,材料内部每一点处都有应力。如图 2-16 所示,在杆件任一界面上的 M 点选取一个微小面积 ΔA,

ΔA 上的作用力为 ΔF,M 点处的应力定义为 $p = \lim\limits_{\Delta A \to 0} \dfrac{\Delta F}{\Delta A} = \dfrac{\mathrm{d}F}{\mathrm{d}A}$,单位为牛顿/平方米($N/m^2$ 或 Pa)。图 2-15 所示的四种材料破坏形式都与应力有关。

材料的机械性能包括拉伸强度(抗拉强度)、弯曲特性、硬度、疲劳强度、抗冲击特性等,在进行零件选材和焊接结构设计时,要结合零件的受力特点,综合考虑这些性能。对焊接件而言,母材的机械性能也会影响其使用性能。

2.4.1　母材的静力强度

材料抵抗静载荷作用而不被破坏的能力称为静力强度,简称静强度。常用的静力强度有四种,它们分别是材料的抗拉强度、抗压强度、抗剪强度和抗弯强度,单位为 N/m^2。

焊接件受拉伸载荷比较普遍,在拉伸过程中,随着外力的增大,其伸长量也发生变化,材料类型不同,其变形规律也不同。材料可以分为塑性材料和脆性材料两种,其中在外力作用下,产生较显著变形而不产生破坏的材料称为塑性材料,如低碳钢;反之,在外力作用下,发生微小变形即产生破坏的材料称为脆性材料,如铸铁、玻璃等。对于塑性材料,如低碳钢,图 2-17 为应力-应变曲线,也是其试件典型的拉伸试验过程示意图。

图 2-17 所示为在拉伸力 F 的作用下,试件从拉伸到断裂的过程。在上述过程中,设拉伸前试件的截面积为 A_0,长度为 l_0;$\Delta l = l - l_0$;则应力 $\sigma = F/A_0(\text{N/m}^2)$,应变 $\varepsilon = \Delta l / l_0$。 由图 2-17 可知,典型的低碳钢拉伸曲线经历了弹性变形阶段、屈服阶段、强化阶段和局部缩颈变形阶段。

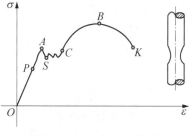

图 2-17　应力-应变曲线

第 1 阶段——弹性变形阶段(OA)

此阶段试样变形为弹性变形,外载荷卸除后试样可以完全恢复原状。拉伸开始后,试样的伸长随力的增加而增大。在图 2-29 中的 P 点以下应力 σ 与应变成正比(满足胡克定律),即

$$\sigma = E\varepsilon \tag{2-1}$$

式中,σ 为应力;ε 为应变;E 为材料弹性模量。

图 2-17 中 P 点的应力 σ_P 称为比例极限;超过 A 点后,如果应力继续增大,那么应力和应变不再成直线关系。

第 2 阶段——屈服阶段(AC)

图 2-17 中,若继续加载,当超过 A 点后,试样便产生永久变形,即出现塑性变形。当外力增加到一定值之后,应力-应变曲线出现锯齿状的峰和谷,这种外力不增加或减少的条件下试样仍然伸长的现象称为屈服现象。这个阶段的外力称为屈服力。屈服阶段过后,金属材料发生明显塑性变形。S 点应力称为屈服强度或屈服点,其对应的应力称为屈服极限 σ_S。

第 3 阶段——强化阶段(CB)

图 2-17 中,屈服阶段结束后,外力与变形不成比例增加。试件在塑性变形下产生应变硬化,C 点应力不断上升,在此阶段内试件的变形是均匀和连续的,应变硬化效应是由于位错密度增加而引起的。图 2-17 中的 B 点通常是应力-应变曲线的最高点(特殊材料除外),与 B 点所对应的应力称为材料的抗拉强度或强度极限 σ_B。

第 4 阶段——局部缩颈变形阶段(BK)

图 2-17 中,当应力超过最大应力 σ_B 之后,材料某一部分横截面发生收缩,即"缩颈"现象。试样抵抗变形能力下降,外力随之下降而变形继续增加。至 K 点处,试样断裂。K 点的应力称为断裂强度。

图 2-17 中,继续加载到 B 点时,试验材料的应变硬化与几何形状导致的软化达到平衡,此时应力不再增加,试样最薄弱的截面中心部分开始出现微小空洞,然后扩展连接成小裂纹,在试件表面可看到产生缩颈变形,在拉伸曲线上,从 B 点到 K 点应力是下降的,但是在试样缩颈处,由于截面积已变小,其实际应力要大大高于计算应力。试验达到 K 点试样完全断裂。断裂时试件的断面收缩率 $\psi = \dfrac{A_0 - A_1}{A_0} \times 100\%$。 断面收缩率是衡量材料塑性变形能力的性能指标,该值愈大说明材料的塑性愈好。

由于脆性材料(伸长率一般小于 $2\% \sim 5\%$,如淬火钢和高强钢)拉伸过程中无明显屈服阶段,以 $\sigma_{0.2}$ 作为名义屈服极限,此时相对应的应变量为 $\varepsilon = 0.2\%$。

对于材料而言,抗拉强度、屈服点、延伸率是三个重要的特性参数,它们与材料的可焊性有关。

2.4.2　焊接接头的静力强度

焊接接头的静力强度,与熔接金属、母材等的热影响区域的静强度有关,为此,在焊接接头的设计和焊接作业施工时,要充分考虑焊接材料的性质、焊接条件、焊接接头承受载荷的大小及特性。

低碳钢、低合金钢等对接接头的抗拉强度会受到余高的影响,焊接熔融区域(结合部)和母材区域出现断裂的现象也存在,焊接设计要求焊接熔融区域的强度应不低于母材的强度。因而,它们接头的强度与母材强度之比大于1;接头系数为100%。焊接接头系数反映的是由于焊接材料、焊接缺陷和焊接残余应力等因素使焊接接头强度被削弱的程度,它是焊接接头力学性能的综合反映。如果根部熔合不良、裂纹、咬边、气孔和夹渣等焊接缺陷很大,那么会自熔融开始产生断裂。断口中,焊接缺陷面积占断口总面积之比称为焊接缺陷度,它能表征焊接部强度削弱的程度。

2.4.3　焊接接头的疲劳强度

2.4.3.1　疲劳破坏

材料长时间在循环应力的持续作用下,在一处或几处逐渐产生局部永久性累积损伤,经一定循环次数产生裂纹或突然发生完全断裂的过程称为疲劳破坏。对于钢材,在疲劳破坏之前并没有明显的变形,因而疲劳破坏是一种突然发生的断裂,断口平直,属于反复载荷作用下的脆性破坏。

疲劳破坏过程按照先后次序可区分为疲劳微裂缝形成、疲劳裂纹扩展和最终失效断裂三个阶段。对于焊接件而言,在载荷反复作用下,焊件母材和焊接缺陷处或应力集中部位形成微细的疲劳裂纹,并逐渐扩展以致最后断裂。疲劳破坏是一个损伤累积过程,焊接结构的构造、连接形式、应力循环次数、最大应力值和应力变化幅度(应力幅)是影响结构疲劳破坏的主要因素,而且疲劳破坏往往发生在名义应力小于材料抗拉强度甚至屈服点的情况。

2.4.3.2　接头的疲劳强度

可以利用疲劳试验研究材料或结构件的疲劳特性,此时需要给试件施加交变载荷,如图 2-18a 所示,考察材料或者结构件在交变载荷下的循环时间或循环次数(图 2-18)。图 2-18 中,σ_{max}、σ_{min} 分别为最大应力和最小应力,σ_a、$2\sigma_a$、σ_m 分别为振幅、应力范围和平均应力;$R = \sigma_{min}/\sigma_{max}$ 称为特性系数,对于标准的疲劳试验,$R = 0$ 或 $R = -1$,前者称为脉动循环,后者

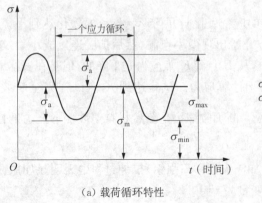

（a）载荷循环特性

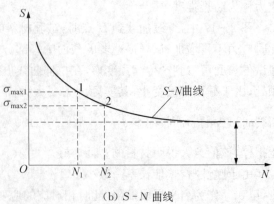

（b）S-N 曲线

图 2-18　载荷和 S-N 曲线

称为对称循环。

图 2-18b 所示是疲劳强度 S 和疲劳寿命 N（循环次数）的关系，这种曲线称为 S-N 曲线。图 2-18b 中两种不同的应力关系为：$\sigma_{max1} > \sigma_{max2}$，$N_1 < N_2$。

2.4.4　焊接接头的脆性断裂

脆性断裂是指构件未经明显的变形而发生的断裂，断裂时材料几乎没有发生过塑性变形。如杆件脆断时没有明显的伸长或弯曲，更无缩颈；容器破裂时没有直径的增大及壁厚的减薄。材料的脆性是引起构件脆断的重要原因。如果构件中存在严重缺陷（如裂纹），那么发生低应力脆断时也具有脆性断裂的宏观特征，但此时材料不一定很脆。因材料脆性而发生的脆裂断口"呈结晶状"，有金属光泽，断口与主应力垂直，断口平齐，如图 2-19 所示。

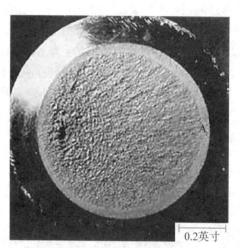

图 2-19　材料脆性断裂断口
（1 英寸 ≈ 2.54 cm）

一方面，脆性断裂一般发生在高强度或低延展性、低韧性的金属和合金上。另一方面，即使金属有较好的延展性，在低温、厚截面、高应变率（如冲击）或者是有缺陷的情况下，也会发生脆性断裂，脆性断裂引起材料失效一般是因为冲击作用，而非过载引起。

1）脆性断裂产生原因

脆性断裂一般发生在船舶、桥梁、球形罐和压力容器等大型的焊接结构中。脆性断裂发生时，裂纹速度有时可达 2 000 m/s，其产生的原因主要包括：

（1）材料自身缺陷。钢材中的某些元素含量过高时，会严重降低钢材的塑性和韧性，其脆性则相应变大。如含硫、氧过多时引起"冷脆"；含氢过多时引起"氢脆"；含碳量过多导致钢材变脆，可焊性变差。另外，钢材本身存在的内部冶金缺陷如裂纹、偏析、非金属夹杂及分层等，也能使钢材抗脆性断裂的能力大为降低。

（2）应力集中和残余应力。在构件的空洞、缺口、截面突变处会产生应力集中，此处会出现平面或空间拉应力场，致使钢材的塑性变形能力受到限制，因而导致钢材变脆。应力集中程度越严重，钢材的塑性变形能力降低越多，脆性断裂的危险性就越大。

若构件中有较严重的应力集中，并伴随有较大的残余应力，则情况会更加严重，构件中的应力集中、残余应力与构件的构造细节、焊缝位置、施工工艺等因素有关，在进行焊接结构设计时，应尽量避免焊缝过分集中、三向焊缝相交和构件截面的突变。在焊接作业时要采用正确的施焊工艺、施焊顺序，保证焊缝的施工质量，尽量减少焊缝缺陷。

（3）低温环境温度。当环境温度下降到某一温度区间时，钢材的韧性值会急剧下降，出现低温冷脆现象。此时构件如果受到较大的动载荷作用，就容易出现脆性断裂。因此，在低温下工作的钢结构，特别是受动力载荷作用的焊接钢结构，钢材应具有负温（-20 ℃或 -40 ℃）冲击韧性的合格保证，以提高构件抵抗低温脆性断裂的能力。

（4）焊接件厚度。它对脆性断裂有较大的影响。若钢板厚度越大，则强度越低、塑性越差，而且韧性也越差。因此，通常钢板越厚，则脆性断裂破坏的倾向也越大。厚钢板、特厚钢板的"层状撕裂"现象也是引起脆性断裂破坏的原因之一。

2）避免脆性断裂的措施

为了防止钢材的脆性断裂，可以从以下几个方面采取措施：

（1）防止和减少裂纹。当焊接结构的板厚较大时（大于 25 mm），如果含碳量高，连接内部有约束作用，焊接结构外形不适当，或者冷却过快，就都有可能在焊后出现裂纹，从而产生断裂破坏。针对此，要把含碳量控制在 0.22% 左右，同时在焊接工艺上增加预热措施使焊缝冷却缓慢，以解决断裂问题。焊缝冷却时收缩作用受到约束，有可能出现裂纹。为此，需要采取的预防措施是：在两板之间垫上软钢丝留出缝隙，焊缝有收缩余地，可防止裂纹出现。

（2）控制应力。在分析断裂问题时，焊接构件承受的实际应力不仅和载荷的大小有关，也和构造形状及施焊条件有关。几何形状和尺寸的突然变化造成应力集中，使局部应力增高，对脆性破坏最为危险。因此，进行焊接结构设计时，应避免焊缝过于集中和截面突然变化，都有助于防止脆性断裂。

（3）合理选材。为了防止脆性断裂，焊接结构的材料应该具有一定的韧性。材料断裂时吸收的能量和温度有关。吸收的能量可以划分为三个区域，即弹性变形区、塑性变形区、弹塑性变形区。要求材料的韧性不低于弹性，以免出现完全脆性的断裂；也没有必要高于弹塑性。

（4）控制构造细部。发生脆性断裂的原因是存在和焊缝相交的构造缝隙。构造焊缝相当于狭长的裂纹，会造成高度的应力集中，并使附近金属因热塑变形而时效硬化，以提高脆性。低温地区结构的构造细部应该保证焊缝能够焊透。因此，设计时必须注意焊缝的施工条件。

2.4.5　焊接变形和残余应力

2.4.5.1　焊接残余应力的产生

在焊接过程中，焊缝区域的金属温度较高，产生温度应力，超过材料屈服极限 σ_s 所对应的温度 T_s，致使高温部位因压缩产生屈服变形。在这种情况下，即便是回到常温，这种变形也不能完全恢复，从而产生残余应力。在焊接过程中，若对焊件进行局部的、不均匀的加热也会产生焊接应力及变形。焊接时焊缝及其附近受热区的金属发生膨胀，由于四周较冷的金属阻止这种膨胀，在焊接区域内就发生压缩应力和塑性收缩变形，从而产生了不同程度的横向和纵向收缩。由于这两个方向的收缩，造成了焊接结构的各种变形。

焊接过程的不均匀温度场，由它引起的局部塑性变形，以及比容不同的材料组织是产生焊接应力和变形的根本原因。残余应力按其方向可分为纵向、横向和沿厚度方向的应力三种。

焊件残余应力的分布与坡口类型、尺寸、结构件的类型和尺寸等因素有关。实际情况往往非常复杂，需要根据具体情况进行分析。

2.4.5.2　焊接变形

焊接过程中焊接热产生的膨胀、压缩及冷却不均匀现象，以及焊接件受到不均匀温度场的作用，会使得焊接件的尺寸发生变化，称为焊接变形。随温度（时间）变化而变化的焊接变形称为焊接瞬时变形；被焊工件完全冷却到初始温度时的变形，称为焊接残余变形。

1）焊接变形的种类

焊接变形的种类如图 2-20 所示。具体介绍如下：

（1）收缩变形。如图 2-20a 所示，两板对接焊以后发生了长度缩短和宽度变窄的变形，这种变形是由焊缝的纵向收缩和横向收缩引起的。

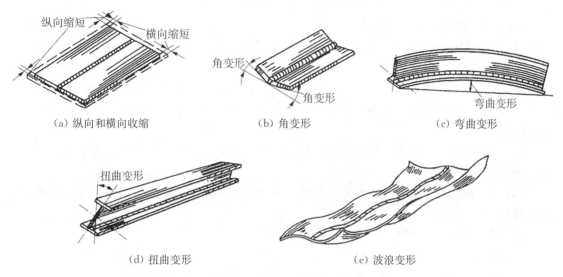

（a）纵向和横向收缩　　　　（b）角变形　　　　（c）弯曲变形

（d）扭曲变形　　　　（e）波浪变形

图 2-20　焊接变形的种类

（2）角变形。如图 2-20b 所示，它是由于焊缝截面上宽下窄，使焊缝的横向收缩量上大下小而引起的。

（3）弯曲变形。它主要是由于焊缝的位置在工件上不对称引起的，如图 2-20c 所示。

（4）扭曲变形。焊接件若装配质量不好、焊接顺序和焊接方向不合理，则都可能引起扭曲变形，但根本原因还是焊缝的纵向收缩和横向收缩，如图 2-20d 所示。

（5）波浪变形。又称失稳变形，主要出现在薄板焊接结构中，产生的原因是焊缝的纵向收缩对薄板边缘造成了压应力，如图 2-20e 所示。

2）影响焊接结构变形的主要因素

影响焊接变形的因素有很多，主要有材料、结构和工艺等方面。具体如下：

（1）焊缝截面积。指熔合线范围内的金属面积，焊缝面积越大，冷却时收缩引起的塑性变形量越大。

（2）焊接热输入。一般情况下，在焊接过程中，热输入大时，加热的高温区范围大，冷却速度慢，使接头塑性变形区增大，不论对纵向、横向或角变形都有变形增大的影响。但在表面堆焊时，当热输入增大到一定程度，由于整个板厚温度趋近，因而即使热输入继续增大，角变形不再增大，反而有所下降。

（3）工件的预热和层间温度。预热温度和层间温度越高，相当于热输入增大，致使冷却速度减慢，收缩变形增大。

（4）焊接方法。在结构焊接常用的几种方法中，除电渣焊以外，埋弧焊热输入较大，在其他条件如焊缝面积等相同情况下，收缩变形较大；手工电弧焊热输入居中，收缩变形比埋弧焊小；CO_2 气体保护焊热输入较小，收缩变形响应也较小。

（5）焊缝位置。一般情况下，焊缝位置在结构中不对称及焊缝位置不对称等都将引起焊接变形。

（6）结构的刚性。结构的刚性大小主要取决于结构的形状和其截面大小。刚性较小的结构，焊接后变形大；刚性大的结构，焊接后变形较小。

（7）装配和焊接规范。不同的装配方法，对结构的变形也有影响。整体装配完再进行焊接,其变形一般小于边装配边焊接的情形。

2.4.5.3　减小焊接变形的措施

基于以上焊接变形的类型及引起焊接变形的原因分析,减小焊接变形的措施主要包括:

(1) 热调整法。在焊接作业过程中,应减少焊接热影响区的宽度,尽可能降低不均匀加热的程度,都可以减少焊接变形。采用能量高的焊接方法,如用二氧化碳气体保护焊代替焊条电弧焊,采用多层焊代替单层焊,用小直径焊条代替大直径焊条,用小电流快速不摆动焊代替大电流慢速摆动焊。

(2) 设计措施。其包括:①合理选择焊接的尺寸和形式;②合理选择焊缝长度和数量;③合理安排焊缝位置。

(3) 工艺措施。主要包括采用反变形法、预留余量法、刚性固定法、焊前预热法、顺序控制法和强制冷却法等。

2.4.6　残余应力对焊接强度的影响

1) 残余应力对接头静强度的影响

低碳钢及低合金钢等延伸性较好的材料,其焊接部位静破坏主要由塑性变形引起,残余应力对其没有影响,在这种情况下,残余应力可以达到自平衡。

对于光滑构件,只要材料有足够的塑性,塑性变形才可使截面上的应力均匀化。不仅残余应力的存在并不影响构件的承载能力,而且对静载强度没有影响。如果材料处于脆性状态,或经热处理的材料以及三向应力作用下的材料,由于材料变形不是塑性变形,构件截面上的应力不能均匀化,残余拉应力与工作应力叠加,使结构局部破坏,甚至可能导致整个构件断裂。

对于有缺口的构件,由于缺口处会出现严重的应力集中,也可能同时存在着较高的拉伸内应力。当构件因其中的某种原因(如温度的下降、变形速度的增加或厚壁断面)受到较大的拉伸力时,在拉伸内应力和严重应力集中的共同作用下,将降低结构的静载强度,使得在远低于屈服点的外载应力作用下发生脆性断裂。

塑性材料在一定条件下会失去塑性,变成脆性,或者构件材料塑性较低,此时残余应力将会影响构件的静力强度。当构件无足够的塑性变形产生时,在加载过程中应力峰值不断增加,直至达到材料强度极限后发生破坏,因而残余应力对其有影响。

2) 残余应力对接头疲劳强度的影响

当试件表面上有压缩残余应力时,可提高疲劳强度。因而提高焊接结构的疲劳强度,不仅要降低残余拉应力,而且要减少产生接头应力集中的因素如余高过大、角焊缝过于凸起等。另外,采取喷丸、点状加热、超载处理等方式在构件中引入压缩残余应力,可以改善焊接结构抗疲劳性能。

3) 残余应力对脆性破坏的影响

焊接结构中的残余应力对焊接结构的脆性破坏影响较大。脆性断裂是焊接结构一种最为严重的失效形式,通常脆性断裂失效都在实际应力低于结构设计应力下发生,断裂时并无显著的塑性变形,且具有突发破坏的性质,往往会造成重大损失。因此,需要分析焊接结构脆性断裂的主要因素,并从防脆断设计、制造质量的控制、设备使用管理等方面提出防止焊接结构发生脆性断裂的措施。

焊接时的热不平衡,加上焊接结构受到约束,使得在焊接接头区产生焊接残余应力,这种残余应力有时可达到材料的屈服强度,从而使结构的应力水平提高而产生裂纹,并可能导致事故。脆性断裂通常是以裂尖处材料的拉开断裂为主,对于脆性及准脆性材料,或者在载荷作用下表现为脆性的材料,由于其线弹性力学特征,裂尖处的应力升高得较快,从而使裂尖的塑性区不能及时形成一定的规模,或是由于裂尖的钝化来不及形成,因此裂尖处大多表现为脆性断裂,裂尖的材料大多因受拉应力作用而开裂。

4) 残余应力对应力腐蚀开裂的影响

应力腐蚀开裂是指在拉应力和腐蚀介质共同作用下产生裂纹的现象。焊接后的残余应力与工作应力叠加,促使焊缝附近产生应力腐蚀开裂。因此,对于受腐蚀的结构,应采取适当的消除残余应力的措施,以有利于提高抗腐蚀能力。

2.4.7　残余应力的消除方法

消除焊接残余应力的方法有热处理消除法、锤击消除法、振动消除法和预加载消除应力法。

(1) 热处理消除法。焊后热处理是一种常用的消除焊接残余应力的方法。一般采用退火处理,它是将金属缓慢加热到一定温度,保持足够时间,然后以适宜速度冷却的一种金属热处理工艺。退火温度越高、保温时间越长,消除焊接残余应力的效果就越好。但是,退火温度过高,会使工件表面氧化比较严重,组织可能发生转变,从而影响工件的使用性能。

(2) 锤击消除法。焊接结束后可采用带小圆头面的手锤锤击焊缝及近缝区,使焊缝及近缝区的金属得到延展变形,用以补偿或抵消焊接时所产生的压缩塑性变形,从而使焊接残余应力降低。

(3) 振动消除法。它是利用由偏心轮和变速马达组成的激振器,使焊接结构发生共振所产生的循环应力来降低内应力。

(4) 预加载消除应力法。残余应力也可采用预加载法(如机械拉伸法)来消除,例如对压力容器可以采用水压试验,也可以在焊缝两侧局部加热到 200 ℃,造成一个温度场,使焊缝区得到拉伸,以减小和消除焊接残余应力。

2.5　焊接设计

2.5.1　焊接设计概述

钢结构的焊接接头要考虑其使用条件,特别是载荷类型。如在静载荷条件下和交变载荷条件下对焊接接头的要求不同。若焊接件不允许有残余应力,则应在焊接作业完成后,采用去应力的措施。为了满足焊接部件的性能要求,母材及焊接材料的选择要充分注意。

焊接接头的设计,也要考虑焊接施工的可能性、是否需要必要的破坏性试验及焊接缺陷修正方法。

2.5.2　焊接接头类型

2.5.2.1　焊接接头的形式

焊接接头形式包括对接接头、T 形(十字形)接头、角接头、搭接接头和垫板接头。

1) 对接接头

两焊件在同一平面平行的接头称为对接接头,如图 2-21 所示。这种接头受力状况较好,应力集中较小,能承受较大的静载荷或动载荷,是焊接结构中采用最多的一种接头形式。对接接头包括完全熔深和不完全熔深两种,图 2-21 中 δ 为焊接接头上部或下部坡口宽度(单位:mm)。

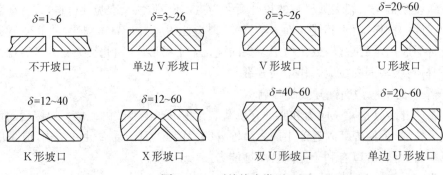

图 2-21　对接接头类型

2) T 形(十字形)接头

T 形接头是指一个焊件的端面与另一焊件的端面成直角或近似直角的接头。根据垂直板厚度的不同,其坡口形式可分为 T 形和十字形两种,如图 2-22 所示。

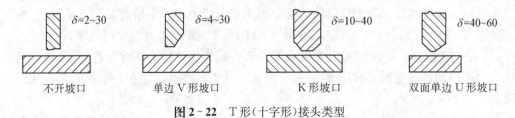

图 2-22　T 形(十字形)接头类型

3) 角接头

角接头是指两焊件端部成大于或等于 30°。小于或等于 35°的接头如图 2-23 所示。

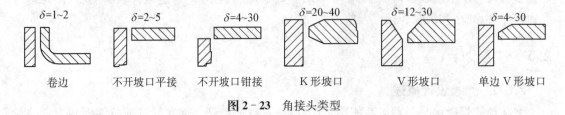

图 2-23　角接头类型

4) 搭接接头

搭接接头是指两焊件部分重叠构成的接头,如图 2-24 所示。

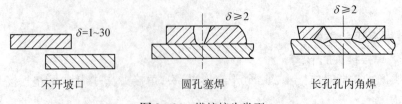

图 2-24　搭接接头类型

5) 垫板接头

在坡口背面放置一块与母材成分相同的垫板,以便在焊接时获得全焊透的焊缝,根部又不致烧穿,这种接头称为垫板接头,如图 2-25 所示。

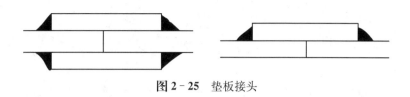

图 2 - 25 垫板接头

2.5.2.2 焊接坡口的类型

除了角焊和口接头外,焊接作业前需要开坡口,典型的坡口类型如图 2 - 26 所示。

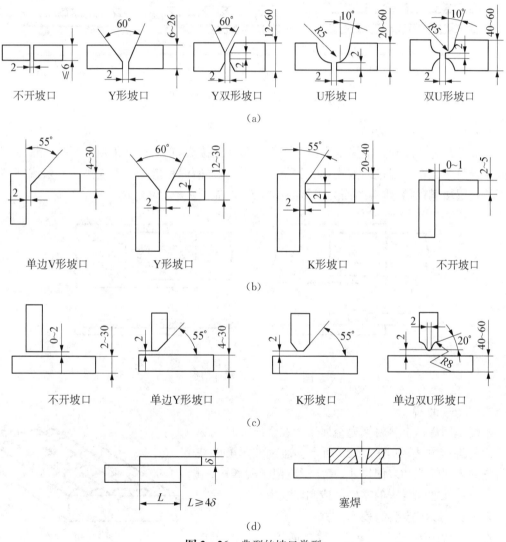

图 2 - 26 典型的坡口类型

2.5.2.3 角焊

对于 T 形坡口、十字形坡口和搭接坡口,当两个面垂直时,可以采用角焊的方式。按照载荷作用方向可以分为正面角焊、斜向角焊和侧面角焊,如图 2 - 27 所示。按照焊缝是否连续,角焊分为连续角焊和断续角焊,如图 2 - 28 所示。

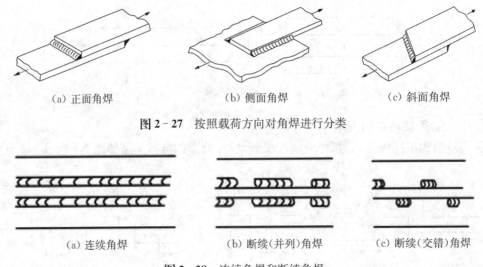

(a) 正面角焊　　　(b) 侧面角焊　　　(c) 斜面角焊

图2-27　按照载荷方向对角焊进行分类

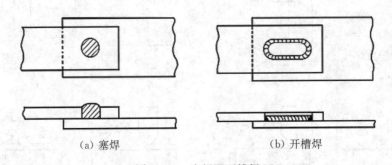

(a) 连续角焊　　(b) 断续(并列)角焊　　(c) 断续(交错)角焊

图2-28　连续角焊和断续角焊

2.5.2.4　塞焊和开槽焊

图2-29为塞焊和开槽焊示意图。塞焊用于搭接接头,它是在一张板上开孔,通过焊接孔将两张板材熔化形成焊接的方式,如图2-29a所示;开槽焊是指先将被连接件冲切成槽,然后用焊缝金属填满该槽,焊缝断面为矩形的焊接方式,如图2-29b所示。

(a) 塞焊　　　　　　(b) 开槽焊

图2-29　塞焊和开槽焊

2.5.2.5　堆焊

堆焊是用焊接工艺将填充金属熔敷在金属材料或零件表面的焊接方式,如图2-30所示。通过堆焊可以获得特定的表层性能和表面尺寸,其广泛应用于耐磨损、耐腐蚀或有特殊性能要求的零件制造和修复中。

2.5.3　焊接接头的表示方式

在钢结构图中,焊接的种类、坡口形状及尺寸、焊接场所等信息需要标记出。《焊缝符号表示法》(GB/T 324—2008)对焊接符号做出了统一规定。

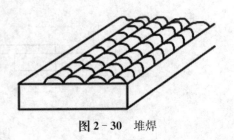

图2-30　堆焊

2.5.3.1　焊接符号

1) 基本符号

焊接基本符号是表示焊缝横截面形状的符号,见表2-9。

表 2-9　焊接基本符号

序号	符号名称	示意图	焊缝符号
1	卷边焊缝(卷边完全熔化) 注:不完全熔化的卷边焊缝用 I 形焊缝符号表示,并加注焊缝有效厚度 *S*	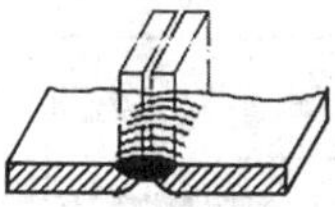	
2	I 形焊缝		
3	V 形焊缝		
4	单边 V 形焊缝		
5	带钝边 V 形焊缝		
6	带钝边单边 V 形焊缝		
7	带钝边 U 形焊缝		
8	带钝边 J 形焊缝		
9	封底焊缝		
10	角焊缝	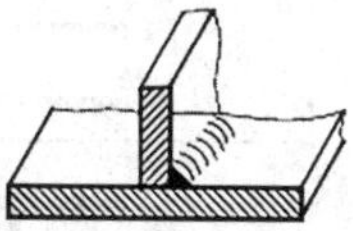	
11	塞焊缝或槽焊缝	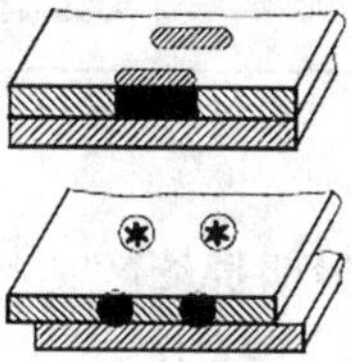	
12	点焊缝	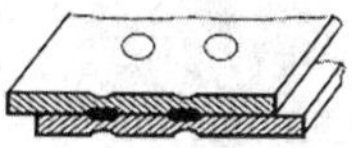	
13	缝焊缝	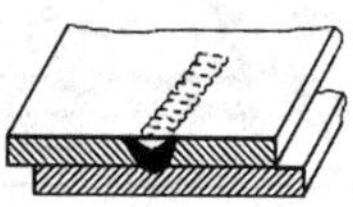	

2）辅助符号

（1）焊接辅助符号是表示焊缝表面形状特征的符号，见表 2 - 10。

表 2 - 10　焊接辅助符号

序号	符号名称	示意图	符号	说明
1	平面符号		 ▬	焊缝表面平齐
2	凹面符号	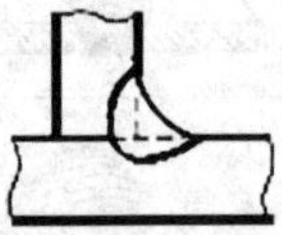	⌣	焊缝表面凹陷
3	凸面符号		 ⌒	焊缝表面凸起

注：不需要确切地说明焊缝的表面形状时，可以不用辅助符号。

（2）焊接辅助符号应用示例见表 2 - 11。

表 2 - 11　焊接辅助符号应用示例

序号	符号名称	示意图	符号
1	平面 V 形对接焊缝		
2	凸面 X 形对接焊缝	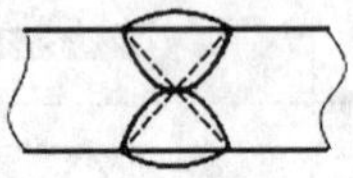	
3	凹面角焊缝	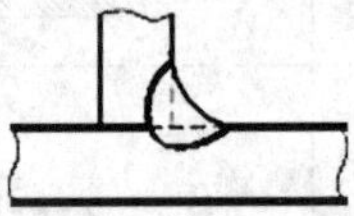	
4	平面封底 V 形焊缝		

3）补充符号

（1）焊接补充符号是补充说明焊缝的某些特征而采用的符号，见表 2 - 12。

表 2 - 12　焊接补充符号

序号	符号名称	示意图	符号	说明
1	带垫板符号		 ▭	表示焊缝底部有垫板

（续表）

序号	符号名称	示意图	符号	说明
2	三面焊缝			表示三面带有焊缝
3	周围焊缝			表示环绕工件周围焊接
4	现场符号			表示在现场进行焊接
5	尾部符号			标注焊接工艺方法

（2）焊接补充符号应用实例见表 2-13。

表 2-13　焊接补充符号应用示例

序号	示意图	标注示例	说明
1			表示 V 形焊缝的背面底部有垫板
2			工件三面带有焊缝,焊接方法为手工电弧焊
3			表示在现场沿工件周围施焊

2.5.3.2　焊接符号在图样上的位置

1）基本要求

完整的焊缝表示方法包括基本符号、辅助符号、补充符号、指引线、尺寸符号和数据。其中指引线包括箭头指引线（箭头线）、基准线（一条实线基准线，一条虚线基准线），如图 2-31 所示。

2）箭头线和接头的关系

表述箭头线和接头关系的两个术语是"接头的箭头侧"和"接头的非箭头侧"，如图 2-32、图 2-33 所示。

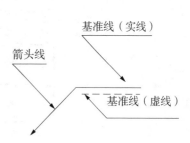

图 2-31　焊接标注基本要求

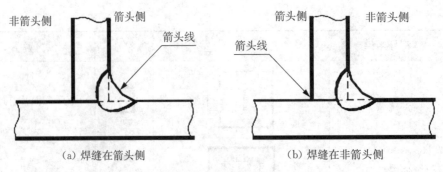

（a）焊缝在箭头侧　　　　　　　　　（b）焊缝在非箭头侧

图 2-32　带单角焊缝的 T 型接头

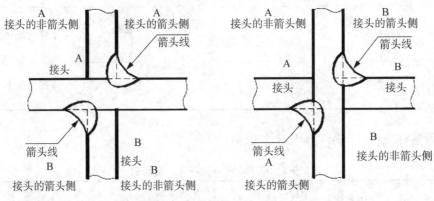

图 2-33　角焊缝的十字接头

3）箭头的位置

箭头线相对焊缝的位置一般没有特殊的要求，如图 2-34a、b 所示。但在标注单边 V 形、带钝边单边 V 形、J 形焊缝时，箭头应指向带有坡口一侧的工件，如图 2-34c、d 所示；必要时，

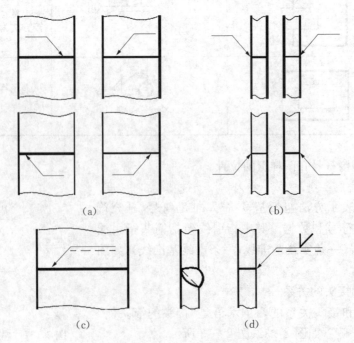

（a）　　　　　　　　　　　　　　（b）

（c）　　　　　　　　　　　　　　（d）

图 2-34　箭头线的位置

允许箭头线折弯一次,如图 2 - 35 所示。

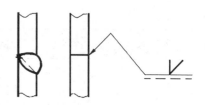

图 2 - 35 带折弯的箭头线

　　4)基准线的位置

　　基准线的虚线可以画在基准线实线的上方或下方,基准线应和图样的底边相平行。

　　5)基准符号相对基准线的位置

　　若焊缝在接头的箭头侧,则将基本符号标注在基准线的实线侧,如图 2 - 36a 所示;若焊缝在接头的非箭头侧,则将基本符号标注在基准线的虚线侧,如图 2 - 36b 所示;标注对称焊缝及双面焊缝时,可不加虚线,如图 2 - 36c、d 所示。

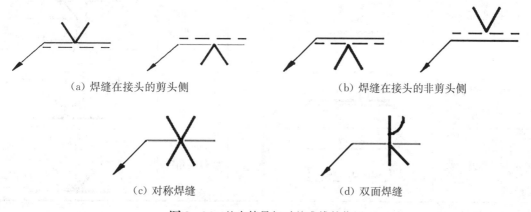

（a）焊缝在接头的剪头侧　　　　（b）焊缝在接头的非剪头侧

（c）对称焊缝　　　　（d）双面焊缝

图 2 - 36 基本符号相对基准线的位置

2.5.3.3　焊缝尺寸符号及其标注位置

1)一般要求

基准符号必要时可以带尺寸符号和数据,焊缝尺寸符号见表 2 - 14。

表 2 - 14　焊缝尺寸符号

符号	符号名称	示例图	符号	符号名称	示例图
δ	工件厚度		e	焊缝间距	
α	坡口角度		K	焊角尺寸	
b	根部间隙		d	熔核直径	

（续表）

符号	符号名称	示例图	符号	符号名称	示例图
p	钝边		S	焊缝有效厚度	
c	焊缝宽度		N	相同焊缝数量符号	$N=3$
R	根部半径		H	坡口深度	
L	焊缝长度		h	余高	
n	焊缝段数		β	坡口面角度	

　　焊缝尺寸符号及数据的标注原则如图 2-37 所示,具体要求包括:①焊缝横截面上的尺寸符号标注在基本符号的左侧;②焊缝长度方向尺寸符号标注在基本符号的右侧;③坡口角度、坡口面角度、根部间隙尺寸符号标注在基本符号的上侧或下侧;④相同焊缝数量符号标注在尾部;⑤当需要标注的尺寸数据较多又不易分辨时,可在数据前增加相应的尺寸符号。

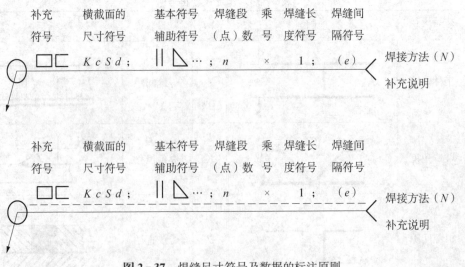

图 2-37 焊缝尺寸符号及数据的标注原则

焊缝尺寸的标注示例见表 2-15。

表 2-15　焊缝尺寸的标注示例

序号	焊缝名称	示意图	焊接尺寸符号	示例
1	对接焊缝		S:焊缝有效厚度	
2	卷边焊缝		S:焊缝有效厚度	
3	连续角焊缝		K:焊角尺寸	
4	断续角焊缝		L:焊缝长度,不计弧坑;e:焊缝间隙;n:焊缝段数	$K \triangleright\ n \times L(e)$
5	交错断续角焊缝		L:焊缝长度,不计弧坑;e:焊缝间隙;n:焊缝段数;K:焊角尺寸;L:焊缝长度,不计弧坑;e:焊缝间隙;n:焊缝段数;c:槽宽	$\begin{matrix} K\ n\times L \quad (e) \\ K\ n\times L \quad (e) \end{matrix}$
6	塞焊缝或槽焊缝		e:焊缝间隙;n:焊缝段数;d:孔的直径	$c\ \sqcup\ n \times L(e)$

（续表）

序号	焊缝名称	示意图	焊接尺寸符号	示例
				c ⊔ $n×(e)$
7	缝焊缝	L　(e)　L	L:焊缝长度,不计弧坑;e:焊缝间隙;n:焊缝段数;c:焊缝宽度	c ◯ $n×L(e)$
8	点焊缝	d　d　(e)	n:焊缝段数;e:间距;d:焊点直径	d ◯ $n×(e)$

2) 关于尺寸符号的说明

确定焊缝位置的尺寸不在焊缝符号中绘出,应标注在图样上。

基本符号的右侧无任何标注且又无任何其他说明时,表示焊缝在工件的整个长度上是连续的。在基本符号的左侧无任何标注且又无任何其他说明时,表示对接焊缝要完全焊透。塞焊缝、槽焊缝带有斜边时,应标注孔底部的尺寸。

2.5.3.4　焊缝无损检测符号

根据《无损检测　符号表示法》(GB/T 14693—2008),焊缝无损检测基本符号和辅助符号表示法见表 2-16、表 2-17。

表 2-16　焊缝无损检测基本符号

记号	试验类型	试 验 内 容
RT	射线探伤	利用 X、γ 射线源发出的贯穿辐射线穿透焊缝后使胶片感光,焊缝中的缺陷经过处理后,在射线照相底片上显现,该方法可以发现焊缝内部的气孔、夹渣、裂纹及未焊透等缺陷。射线探伤基本不受焊缝厚度限制,但无法确定缺陷深度,检验成本较高,检测时间长,射线对探伤人员有损伤
NRT	中子射线探伤	利用发散角很小的、均匀的准直中子束,垂直穿透需要检验的物体来进行缺陷检测
UT	超声波探伤	利用压电换能器通过瞬间电激发产生脉冲振动,借助声耦合介质传入金属中形成超声波,它在传播时遇到缺陷反射并返回到换能器,再把声脉冲转换成电脉冲,利用测量该信号的幅度及传播时间就可评定焊件中缺陷的位置及严重程度。超声波比射线探伤灵敏度高、灵活方便、周期短、成本低、效率高、对人体无害,但显示缺陷不直观、对缺陷判断不精确,该方法对探伤人员经验和技术熟练程度依赖性较高
MT	磁性探伤	利用铁磁性材料表面与近表面缺陷引起磁率发生变化,磁化时在表面上产生漏磁场,再采用磁粉、磁带或其他磁场测量方法记录与显示焊件中缺陷。该方法主要用于检测焊缝表面或近表面缺陷

（续表）

记号	试验类型	试 验 内 容
PT	浸透探伤	将含有颜料或荧光粉剂的渗透液喷洒或涂敷在被检焊缝表面上,利用液体的毛细作用,使其渗入表面开口的缺陷中,然后清洗去除表面上多余的渗透液,干燥后施加显像剂,将缺陷中的渗透液吸附到焊缝表面上,观察缺陷的显示痕迹。此法主要用于焊缝表面检测或气刨清根后的根部缺陷检测
ET	涡流探伤	利用探头线圈内流动的高频电流可在焊缝表面感应出涡流,缺陷会改变涡流磁场,引起线圈输出(如电压或相位)变化。该方法检验参数控制较为困难,可检验焊缝与堆焊层表面或近表面缺陷
AET	声发射探伤试验	为通过接收和分析材料的声发射信号来评定材料性能或结构完整性的无损检测方法
LT	泄露试验	以气体为介质,在设计压力下,采用发泡剂、显色剂、气体分子感测仪或其他专门手段等检查管道系统中泄漏点
VT	目视检验	采用人工光源、反光镜、放大镜、90°角尺和焊缝检验尺等,对焊缝进行余高、宽度、错边量、焊脚高度、角焊缝厚度、咬边深度、角度和间隙等测量,从而检测焊缝质量
PRT	耐压试验	采用水压或气压试验检验结构的强度和密封性

表 2-17　焊缝无损检测辅助符号

名称	辅助记号
全周检测	
现场检测	
射线方向	

2.5.4　焊接接头的强度计算

强度是指材料、机械零件和构件在载荷作用下抵抗变形和破坏的能力。除了有拉伸强度外,还有抗弯强度、抗压强度、抗扭强度、抗剪强度。工程上最常用的强度是拉伸强度。焊接接头形成后,若在工作中承受外载荷,则也可能发生破坏,因此需要校核焊接接头的强度。

2.5.4.1　焊接接头的载荷及应力

焊接接头在载荷作用下会在接头产生应力,其中以拉(压)应力和剪切应力较为普遍。拉(压)应力和剪应力分别计算如下:

$$\sigma = \frac{P}{\sum al} \tag{2-2}$$

$$\tau = \frac{P}{\sum al} \tag{2-3}$$

式中,σ 为焊接部的截面拉(压)应力;τ 为焊接部的截面剪切应力;P 为焊接部受到的载荷;a

为焊接部的喉部厚度；l 为焊接部的有效长度；$\sum al$ 为焊接部的有效截面积总和。

在熔透焊接场合，喉部厚度 a 为母材厚度；母材厚度有变化时，a 为母材薄处的厚度，如图 2-38 所示。注意，喉部厚度不包含余高。

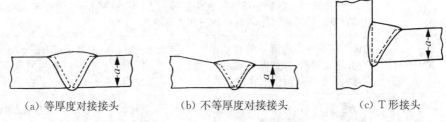

(a) 等厚度对接接头	(b) 不等厚度对接接头	(c) T 形接头

图 2-38　熔透焊接坡口的喉部厚度

角焊焊接部的喉部厚度如图 2-39 所示。焊脚长的场合，喉部厚度为

$$a=\frac{S}{\sqrt{2}} \tag{2-4}$$

不等脚长的场合，应将较小的脚长 S_1 代入式(2-4)求得喉部厚度；非直角角焊的场合，喉部厚度计算公式为

$$a=S\cos(\theta/2) \tag{2-5}$$

式中，θ 为焊缝夹角，$60^\circ \leqslant \theta \leqslant 120^\circ$。

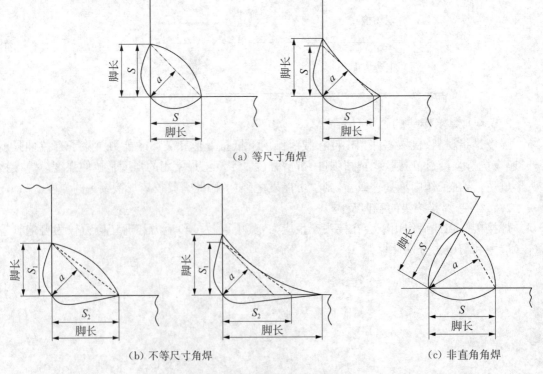

图 2-39　角焊焊接部的喉部厚度

有应力传递的角焊接的尺寸,与组合部的板厚有关,对于薄板的板厚 t_1、厚板的板厚 t_2,都应该进行限制,特别是桥梁结构件和建筑结构件。

桥梁结构场合

$$t_1 > S \geqslant \sqrt{2t_2} \quad (S \geqslant 6 \text{ mm}) \tag{2-6}$$

建筑物结构场合,当 $t_1 > 6 \text{ mm}$ 时,

$$t_1 \geqslant S \geqslant 1.3\sqrt{t_2} \quad (S \geqslant 4 \text{ mm}) \tag{2-7}$$

建筑结构中的 T 形接头,当板厚在 6 mm 以下时,设 t 为板厚,则 $S = 1.5t$;当 $S > 10 \text{ mm}$ 时,应满足 $S \leqslant t_2$ 的限制条件。

对于建筑结构,传递应力的角焊接有效长度为 S 的 10 倍以上,且 $S \geqslant 40 \text{ mm}$;但在侧面角焊接部的剪切应力分布,如图 2 - 40 所示。考虑剪切应力的不均匀分布,有效长度可取为 S 的 30 倍;在上述情况下,许用应力应适度减小。

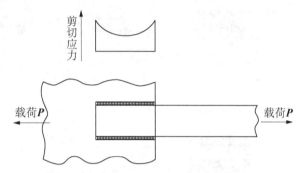

图 2 - 40 侧面角焊接部的剪切应力分布

2.5.4.2 在弯矩和剪切作用下角焊接头的强度计算

在弯矩作用下,角焊接头的弯曲应力为

$$\sigma = \frac{M}{I}y \tag{2-8}$$

$$\sigma = \frac{M}{Z} \tag{2-9}$$

式中,M 为截面弯矩;I 为截面惯性矩;y 为到中心轴的距离;Z 为截面系数。

在承受剪切力的场合,剪切应力 τ 可以由式(2-3)计算;对于 I 形断面材料等,腹板焊接场合需要进行计算。

在弯矩和剪力同时作用的场合,其合成应力可以用下式计算:

$$\sigma_v = \sqrt{\sigma^2 + 3\tau^2} \tag{2-10}$$

在拉伸强度 σ_a 和剪切强度 τ_a 给定的场合,应按照下式校核接头的强度:

$$\sigma_v = \sqrt{\left(\frac{\sigma}{\sigma_a}\right)^2 + \left(\frac{\tau}{\tau_a}\right)^2} \leqslant 1.0 \tag{2-11}$$

对于桥梁焊接,应按照下式校核接头的强度:

$$\sigma_v = \sqrt{\left(\frac{\sigma}{\sigma_a}\right)^2 + \left(\frac{\tau}{\tau_a}\right)^2} \leqslant 1.1 \tag{2-12}$$

2.5.4.3 焊缝的强度计算

一般情况下,焊缝的强度计算可以依据接头类型、焊缝尺寸及受力特点决定,见表 2 - 18。

表 2 - 18　焊缝强度计算公式

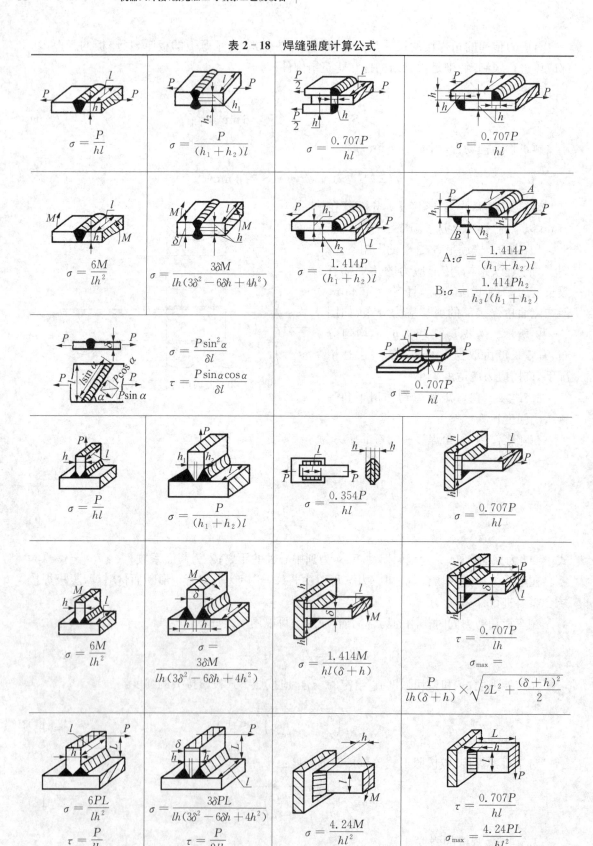

（续表）

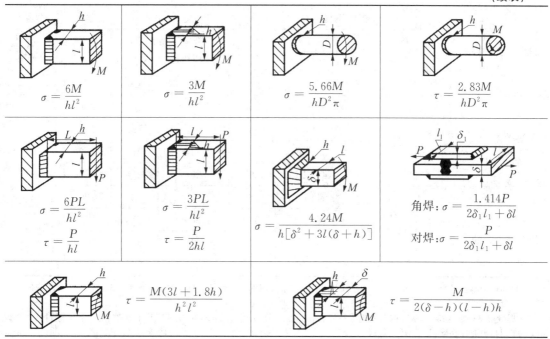

2.5.4.4 焊接部的强度设计值

焊缝的许用应力与焊接工艺、焊接材料、焊缝形式和载荷性质等因素有关。为了保证焊接部的强度,需要选用合适的焊接材料、合理的焊接工艺和正确的施工方法。因此,焊接结构的设计规范中给出了坡口的许用应力强度和母材的强度设计值。强度设计值是钢材或连接的强度标准值除以相应抗力分项系数后的数值,材料分项系数值一般大于1,在材料承载能力极限状态设计中,采用材料强度设计值。根据《钢结构设计标准》（GB 50017—2017）,焊缝的强度设计值见表 2-19。

表 2-19 焊缝的强度设计值　　　　　　　　　单位:N/mm²

焊接方法和焊条型号	构件钢材		对接焊缝				角焊缝
	牌号	厚度或直径 /mm	抗压 f_c^w	焊缝质量为下列等级时,抗拉 f_t^w		抗剪	抗拉、抗压和抗剪
				一级、二级	三级	f_v^w	f_f^w
自动焊、半自动焊和 E43 型焊条的手工焊	Q235 钢	≤16	215	215	185	125	160
		>16~40	205	205	175	120	
		>40~60	200	200	170	115	
		>60~100	190	190	160	110	
自动焊、半自动焊和 E50 型焊条的手工焊	Q345 钢	≤16	310	310	265	180	200
		>16~35	295	295	250	170	
		>35~50	265	265	225	155	
		>50~100	250	250	210	145	

（续表）

焊接方法和焊条型号	构件钢材		对接焊缝				角焊缝
	牌号	厚度或直径 /mm	抗压 f_c^w	焊缝质量为下列等级时，抗拉 f_t^w		抗剪 f_v^w	抗拉、抗压和抗剪 f_f^w
				一级、二级	三级		
自动焊、半自动焊和 E55 型焊条的手工焊	Q390 钢	≤16	350	350	300	205	220
		>16～35	335	335	285	190	
		>35～50	315	315	270	180	
		>50～100	295	295	250	180	
自动焊、半自动焊和 E55 型焊条的手工焊	Q420 钢	≤16	380	380	320	220	220
		>16～35	360	360	305	210	
		>35～50	340	340	290	195	
		>50～100	325	325	275	185	

注：1. 自动焊和半自动焊所采用的焊丝和焊剂，应保证其熔敷金属的力学性能不低于《碳素钢埋弧焊用焊剂》（GB/T 5293—1999）和《埋弧焊用低合金钢焊丝和焊剂》（GB/T 12470—2003）中相关的规定。

2. 焊缝质量等级应符合《钢结构工程施工质量验收标准》（GB 50205—2020）的规定。其中厚度小于 8 mm 钢材的对接焊缝，不宜用超声波探伤确定焊缝质量等级。

3. 对接焊缝抗弯受压区强度设计值取 f_c^w，抗弯受拉区强度设计值取 f_t^w。

2.5.5　焊接结构设计

2.5.5.1　焊接结构设计要点

在确定焊接件的结构时，需要注意以下几点：

（1）要保证焊接作业的最小用量。焊接结构设计要依据强度设计及相关的安全规范进行，确保焊接结构尺寸满足焊接工艺规范的要求。

（2）根据需要焊接件应进行非破坏试验及焊接后修正。根据焊接件的工作环境条件要求，以及在工作中焊接接头破坏后产生的后果进行评估的基础上，结合相关的国家标准规定，确定进行非破坏试验的类型，以及焊接后是否需要进行修正。

（3）工作载荷要求。进行焊缝结构设计要考虑一次应力和二次应力的大小和特点。这里的一次应力是指为平衡压力与其他机械载荷所必需的法向应力或剪应力，又称基本应力；二次应力是指为满足外部的约束条件或结构自身变形连续条件所需的法向应力或剪应力，其基本特征是具有自限性，即局部屈服和少量塑性变形就可使引起应力的约束条件或连续条件得到满足，从而变形不再继续增大，只要不反复加载，不会导致破坏。焊缝的结构设计须满足与机械载荷的平衡关系，避免焊接接头承受偏心载荷和二次应力。

（4）结构要求。焊缝横截面尽量选为上下对称和左右对称结构。

（5）焊接方法、坡口及焊缝要求。根据连接要求选用合适的焊接方法、接头和坡口的类型；在较小的范围内，焊缝不应过度集中。

（6）疲劳性能要求。当焊接接头承受交变载荷时，焊接接头设计需要考虑材料的疲劳性能时，应该注意避免应力集中，特别是有多个焊道时。

对于一个具体的焊接件，上述要求可能出现矛盾，此时应考虑优先满足哪些条件，同时应该充分考虑焊接件的使用条件和焊接作业条件。

2.5.5.2 焊接结构件的结构实例

某一挂架的焊接结构图及其标注如图 2-41 所示。

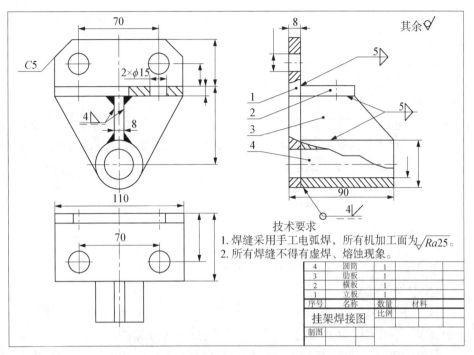

（a）挂架的焊接结构图

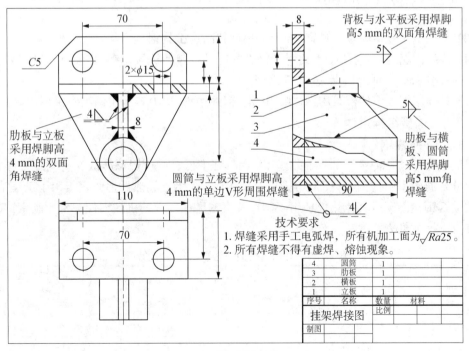

（b）挂架焊缝标注

图 2-41 某一挂架的焊接结构图及其标注

2.6　焊接用钢材及热影响区域的材料特性

2.6.1　钢的种类

按照定义,钢是钢材含碳量在 0.04%~2.3% 的铁碳合金。为了保证材料的塑性和韧性,钢中的含碳量一般不超过 1.7%。钢中的主要元素除铁和碳外,还包含硅、锰、硫、磷等。钢的机械性能主要取决于其化学成分。

1) 钢材按照化学成分分类

可以分为两种:

(1) 碳素钢。包括:①低碳钢(C≤0.25%);②中碳钢(C≤0.25~0.60%);③高碳钢(C≥0.60%)。

(2) 合金钢。包括:①低合金钢(合金元素总含量≤5%);②中合金钢(合金元素总含量>5%~10%);③高合金钢(合金元素总含量>10%)。

2) 钢材按照品质分类

可以分为以下几种:①普通钢(P≤0.045%,S≤0.050%);②优质材质钢(P、S 均≤0.035%);③高级优质钢(P≤0.035%,S≤0.030%)。

3) 钢材按成形方法分类

可以分为四种,即锻钢、铸钢、热轧钢和冷拉钢。

4) 钢材按照用途分类

可以分为以下五种:

(1) 建筑及工程用钢。包括普通碳素结构钢、低合金钢和钢筋钢。

(2) 钢材结构钢。包括:①机械制造用钢:包含调质结构钢、表面硬化结构钢(如渗碳钢、渗氮钢、表面淬火用钢)、易切结构钢、冷塑性成形用钢(如冷冲压用钢、冷镦用钢)。②弹簧钢。③轴承钢。

(3) 工具钢。包括碳素工具钢、合金工具钢和高速工具钢。

(4) 特殊性能钢。包括:①不锈耐酸钢;②耐热钢,包括抗氧化钢、热强钢、气阀钢;③电热合金钢;④耐磨钢;⑤低温用钢;⑥电工用钢。

(5) 专业用钢。包括桥梁用钢、船舶用钢、锅炉用钢、压力容器用钢和农机用钢等。

2.6.2　焊接结构用钢

2.6.2.1　低碳钢

低碳钢为碳含量低于 0.25% 的碳素钢,因其强度低、硬度低且软,故又称软钢。碳素钢包括大部分普通碳素结构钢和一部分优质碳素结构钢,大多不经热处理而直接用于工程结构件,也有的碳素钢经渗碳或其他热处理用于制造具有耐磨性要求的机械零件。常用碳素钢的化学成分和力学性能见表 2-20。

表 2-20　常用碳素钢的化学成分和力学性能

类别	牌号	化学成分%					力学性能		
		C	Mn	Si	P(≤)	S(≤)	σ_b/MPa	δ_5/%	HB
碳素结构钢	Q215-A	0.09~0.15	0.25~0.55	<0.30	0.045	0.05	335~410	31	—
	Q235-A	0.14~0.22	0.30~0.65	≤0.30	0.045	0.05	375~460	26	—
优质碳素结构钢	08F	0.05~0.11	0.25~0.50	≤0.03	0.035	0.035	300	35	131
	15	0.12~0.19	0.35~0.65	0.17~0.37	0.035	0.035	380	27	143

（续表）

类别	牌号	化学成分%					力学性能		
		C	Mn	Si	P($\leqslant$)	S($\leqslant$)	σ_b/MPa	δ_5/%	HB
	20	0.17~0.24	0.35~0.65	0.17~0.37	0.035	0.035	420	25	156
	35	0.32~0.40	0.50~0.80	0.17~0.37	0.035	0.035	540	20	187

注:1. 本表数据摘自 GB/T 3274—2007。

2. 力学性能指热轧状态。

3. 碳素钢的伸长率以直径小于 16 mm 为准。

2.6.2.2 低合金高强度钢

高强度钢是相对碳素结构钢而言的，一般把低合金钢称为高强度钢，即屈服强度在 1 370 MPa 以上、抗拉强度在 1 620 MPa 以上的合金钢。高强度钢是在原有钢板基础上添加了固溶强化型元素(如硅、锰等)和析出强化型元素(如铌、钛等)，并在钢铁厂退火炉内连续退火而得到，它有着屈服点低、复合成分多的特点；高强度钢成型性好、强度高。按其合金化程度和显微组织，可分为低合金中碳马氏体强化超高强度钢、中合金中碳二次沉淀硬化型超高强度钢、高合金中碳 Ni - Co 型超高强度钢、超低碳马氏体时效硬化型超高强度钢和半奥氏体沉淀硬化型不锈钢等。常用低合金高强度钢的牌号及化学成分见表 2 - 21。

表 2 - 21 常用低合金高强度钢的牌号及化学成分(摘自 GB/T 1591—2018)

牌号	质量等级	化学成分(质量分数)/%										
		C$\leqslant$	Mn	Si$\leqslant$	P$\leqslant$	S$\leqslant$	V	Nb	Ti	Al$\geqslant$	Cr$\leqslant$	Ni$\leqslant$
Q295	A	0.16	0.80~1.50	0.55	0.045	0.045	0.02~0.15	0.015~0.060	0.02~0.20			
	B	0.16	0.80~1.50	0.55	0.040	0.045	0.02~0.15	0.015~0.060	0.02~0.20			
Q345	A	0.20	1.00~1.60	0.55	0.045	0.045	0.02~0.15	0.015~0.060	0.02~0.20			
	B	0.20	1.00~1.60	0.55	0.040	0.040	0.02~0.15	0.015~0.060	0.02~0.20			
	C	0.20	1.00~1.60	0.55	0.035	0.035	0.02~0.15	0.015~0.060	0.02~0.20	0.015		
	D	0.20	1.00~1.60	0.55	0.030	0.030	0.02~0.15	0.015~0.060	0.02~0.20	0.015		
	E	0.20	1.00~1.60	0.55	0.025	0.025	0.02~0.15	0.015~0.060	0.02~0.20	0.015		
Q390	A	0.20	1.00~1.60	0.55	0.045	0.045	0.02~0.20	0.015~0.060	0.02~0.20		0.30	0.70
	B	0.20	1.00~1.60	0.55	0.040	0.040	0.02~0.20	0.015~0.060	0.02~0.20		0.30	0.70
	C	0.20	1.00~1.60	0.55	0.035	0.035	0.02~0.20	0.015~0.060	0.02~0.20	0.015	0.30	0.70

（续表）

牌号	质量等级	化学成分（质量分数）/%										
		C≤	Mn	Si≤	P≤	S≤	V	Nb	Ti	Al≥	Cr≤	Ni≤
	D	0.20	1.00～1.60	0.55	0.030	0.030	0.02～0.20	0.015～0.060	0.02～0.20	0.015	0.30	0.70
	E	0.20	1.00～1.60	0.55	0.025	0.025	0.02～0.20	0.015～0.060	0.02～0.20	0.015	0.30	0.70
	A	0.20	1.00～1.70	0.55	0.045	0.045	0.02～0.20	0.015～0.060	0.02～0.20		0.40	0.70
	B	0.20	1.00～1.70	0.55	0.040	0.040	0.02～0.20	0.015～0.060	0.02～0.20		0.40	0.70
Q420	C	0.20	1.00～1.70	0.55	0.035	0.035	0.02～0.20	0.015～0.060	0.02～0.20	0.015	0.40	0.70
	D	0.20	1.00～1.70	0.55	0.030	0.030	0.02～0.20	0.015～0.060	0.02～0.20	0.015	0.40	0.70
	E	0.20	1.00～1.70	0.55	0.025	0.025	0.02～0.20	0.015～0.060	0.02～0.20	0.015	0.40	0.70
	C	0.20	1.00～1.70	0.55	0.035	0.035	0.02～0.20	0.015～0.060	0.02～0.20	0.015	0.70	0.70
Q460	D	0.20	1.00～1.70	0.55	0.030	0.030	0.02～0.20	0.015～0.060	0.02～0.20	0.015	0.70	0.70
	E	0.20	1.00～1.70	0.55	0.025	0.025	0.02～0.20	0.015～0.060	0.02～0.20	0.015	0.70	0.70

常用热轧钢材的拉伸性能见表 2-22，其伸长率见表 2-23。

表 2-22　热轧钢材的拉伸性能

牌号		上屈服强度 R_{eH}[a]/MPa 不小于									抗拉强度 R_m/MPa			
钢级	质量等级	公称厚度或直径/mm												
		≤16	>16～40	>40～63	>63～80	>80～100	>100～150	>150～200	>200～250	>250～400	≤100	>100～150	>150～250	>250～400
Q355	B、C	355	345	335	325	315	295	285	275	—	470～630	450～600	450～600	—
	D									265				450～600[b]
Q390	B、C、D	390	380	360	340	340	320	—	—	—	490～650	470～620	—	—
Q420[c]	B、C	420	410	390	370	370	350	—	—	—	520～680	500～650	—	—
Q460[c]	C	460	450	430	410	410	390	—	—	—	550～720	530～700	—	—

a. 当屈服强度不明显时，可用规定塑性延伸强度 $R_{p0.2}$ 代替上屈服强度；b. 只适用于质量等级为 D 的钢板；c. 只适用于型钢和棒材。

表 2-23　热轧钢材的伸长率

牌号			断后伸长率 A/% 不小于					
钢级	质量等级		公称厚度或直径/mm					
		试样方向	≤40	>40~63	>63~100	>100~150	>150~250	>250~400
Q355	B、C、D	纵向	22	21	20	18	17	17[a]
		横向	20	19	18	18	17	17[a]
Q390	B、C、D	纵向	21	20	20	19	—	—
		横向	20	19	19	18	—	—
Q420[b]	B、C	纵向	20	19	19	19	—	—
Q460[b]	C	纵向	18	17	17	17	—	—

a. 只适用于质量等级为 D 的钢板；b. 只适用于型钢和棒材。

2.6.2.3　低温钢

低温钢是指适合在 0℃以下应用的合金钢。能在 −196℃以下使用的低温钢，称为深冷钢或超低温钢。低温钢主要具有如下性能：①韧性-脆性转变温度低于使用温度；②具有满足设计要求的强度；③在使用温度下组织结构稳定；④具有良好的焊接性和加工成型性；⑤某些特殊用途还要求极低的磁导率、冷收缩率等。

低温钢的分类见表 2-24。

表 2-24　低温钢的分类

类　型		特点
铁素体低温钢	① 低碳锰钢 低碳锰钢（C 0.05%~0.28%，Mn 0.6%~2%）。使 Mn/C≈10，降低氧、氮、硫和磷等有害杂质含量，有的还加入少量铝、铌、钛和钒等元素以细化晶粒。此类钢最低使用温度为 −60℃左右 ② 低合金钢 低合金钢主要包括低镍钢（Ni 2%~4%）、锰镍钼钢（Mn 0.6%~1.5%，Ni 0.2%~1.0%，Mo 0.4%~0.6%，C≤0.25%）、镍铬钼钢（Ni 0.7%~3.0%，Cr 0.4%~2.0%，Mo 0.2%~0.6%，C≤0.25%）。这些钢种的强度高于低碳钢，最低使用温度可达 −110℃左右 ③ 中（高）合金钢 中（高）合金钢主要有 6% Ni 钢、9% Ni 钢、36% Ni 钢，其中 9% Ni 钢是应用较广的深冷用钢。此类高镍钢的使用温度可低至 −196℃	铁素体低温钢一般存在明显的韧性-脆性转变温度，当温度降低至某个临界值（或区间）会出现韧性的突然下降现象。因此，铁素体钢不宜在其转变温度以下使用，一般须加入 Mn、Ni 等合金元素，降低间隙杂质含量，细化晶粒，控制钢中第二相的大小、形态和分布等，使铁素体钢的韧性-脆性转变温度降低
奥氏体低温钢	① Fe-Cr-Ni 系 Fe-Cr-Ni 系主要为 18-8 型铬镍不锈耐酸钢。这种钢低温韧性、耐蚀性和工艺性均较好，已不同程度地应用于各种深冷（−150~269℃）技术中 ② Fe-Cr-Ni-Mn 和 Fe-Cr-Ni-Mn-N 系 Fe-Cr-Ni-Mn 和 Fe-Cr-Ni-Mn-N 系钢种以锰、氮代替部分镍来稳定奥氏体。氮还有强化作用，使钢具有较高	奥氏体低温钢具有较高的低温韧性，一般没有韧性-脆性转变温度

（续表）

类　型		特点
奥氏体低温钢	的韧性、极低的磁导率和稳定的奥氏体组织,适用于作超低温无磁钢(即材料的磁导率很小)。如 0Cr21Ni6Mn9N 和 0Cr16Ni22Mn9Mo2 等在—269 ℃作无磁结构部件 ③ Fe-Mn-Al 系奥氏体低温无磁钢 Fe-Mn-Al 系奥氏体低温无磁钢是中国研制的节约铬、镍的新钢种,如 15Mn26Al4 等可部分代替铬镍奥氏体钢,用于—196 ℃以下的极低温区	奥氏体低温钢具有较高的低温韧性,一般没有韧性—脆性转变温度

表 2-24 中,铁素体(ferrite)是指碳溶解在 α-Fe 中的间隙固溶体,常用符号 F 表示。具有体心立方晶格,其溶碳能力很低,常温下仅能溶解 0.000 8% 的碳,在 727 ℃时最大的溶碳能力为 0.02%。奥氏体(austenite)是钢铁的一种层片状的显微组织,通常是 γ-Fe 中固溶少量碳的无磁性固溶体,也称为沃斯田铁或 γ-Fe。

低温钢的应用见表 2-25。

表 2-25　低温钢的应用

用途	工作温度	低温钢类型
储存和运输各类液化气体的设备	液氢生产、储运设备工作温度为—253 ℃;液氦设备工作温度为—269 ℃	奥氏体低温钢
石油气深冷分离设备	绝大部分的最低使用温度为—110 ℃,个别设备中达—150 ℃	可采用低合金钢、3%～6%镍钢或9%镍钢
空气分离设备	最低工作温度达—196 ℃	一般采用9%镍钢或奥氏体低温钢

低温压力容器用钢板的化学成分见表 2-26,其力学性能和工艺性能指标见表 2-27。

表 2-26　低温压力容器用钢板的化学成分(GB 3531—2014)

牌号	化学成分(质量分数)/%								P	S
	C	Si	Mn	Ni	Mo	V	Nb	Alt*	不大于	
16MnDR	≤0.20	0.15～0.50	1.20～1.60	≤0.40	—	—	—	≥0.020	0.020	0.010
15MnNiDR	≤0.18	0.15～0.50	1.20～1.60	0.20～0.60	—	≤0.05	—	≥0.020	0.020	0.008
15MnNiNbDR	≤0.18	0.15～0.50	1.20～1.60	0.30～0.70	—	—	0.015～0.040	—	0.020	0.008
09MnNiDR	≤0.12	0.15～0.50	1.20～1.60	0.30～0.80	—	—	—	≥0.020	0.020	0.008
08Ni3DR	≤0.10	0.15～0.35	0.30～0.80	3.25～3.70	≤0.12	≤0.05	—	—	0.015	0.005
06Ni9DR	≤0.08	0.15～0.35	0.30～0.80	8.50～10.00	≤0.10	≤0.01	—	—	0.008	0.004

* 可以用测定 Als(指钢中酸溶铝含量)代替 Alt(指钢中全铝含量),此时 Als 含量不小于 0.015%,当钢中 Nb+V+Ti ≥ 0.015%时,Al 含量不做验收要求。

表 2-27 低温压力容器用钢板的力学性能和工艺性能

牌号	交货状态	钢板公称厚度/mm	拉伸试验			冲击试验		弯曲试验c
			抗拉强度 R_m/MPa	屈服强度a R_{eL}/MPa	断后伸长率 A/%	温度/℃	冲击吸收能量,KV2 J	180° b=2a
				不小于			不小于	
16MnDR	正火或正火＋回火	6～16	490～620	315	21	−40	47	D=2a
		>16～36	470～600	295				D=3a
		>36～60	460～590	285				D=3a
		>60～100	450～580	275		−30	47	D=3a
		>100～120	440～570	265				D=3a
15MnNiDR		6～16	490～620	325	20	−45	60	D=3a
		>16～36	480～610	315				D=3a
		>36～60	470～600	305				D=3a
15MnNiNbDR		10～16	530～630	370	20	−50	60	D=3a
		>16～36	530～630	360				D=3a
		>36～60	520～620	350				D=3a
09MnNiDR		6～16	440～570	300	23	−70	60	D=2a
		>16～36	430～560	280				D=2a
		>36～60	430～560	270				D=2a
		>60～120	420～550	260				D=2a
08Ni3DR	正火或正火＋回火或者淬火＋回火	6～60	490～620	320	21	−100	60	D=3a
		>60～100	480～610	300				D=3a
06Ni9DR	淬火＋回火b	5～30	680～820	560	18	−196	100	D=3a
		>30～50		550				D=3a

a. 当屈服现象不明显时,可测量 $R_{V0.2}$ 代替 R_{eL}。b. 对于厚度不大于 12 mm 的钢板可两次正火加回火状态交货。c. a 为试样厚度;D 为弯曲压头直径。

2.6.3 钢的缺口韧性

材料的缺口韧性也称为冲击韧性,是衡量材料抵抗冲击破坏能力的指标,用冲断试样时单位面积上所消耗的功来表示。从标准夏氏 V 形缺口冲击试验测得的脆性转变温度(T_C),与使用中许多发生脆性断裂的温度有明确的对应关系。对于碳素钢和低合金钢,温度越低,则其缺口韧性越差,容易引起焊接结构件的脆性断裂。脆性破坏在 2.4.4 节已经阐述,本节主要研究影响缺口韧性的因素。

冶金因素对钢的缺口韧性有影响,主要体现在用脱氧方法等制造钢的过程中,包括化学成分、热处理方法、组织、晶粒粒度、热加工和冷加工、气割及焊接热对钢的缺口韧性的影响。

1) 化学成分的影响

钢中的 C 元素含量减小、Mn 元素含量增加时，钢的缺口韧性一般会增加。因此，当 Mn/C 值增加时，脆性转变温度降低，合金元素对脆性转变温度的影响如图 2-42 所示。这里的脆性转变温度是指温度降低时金属材料由韧性状态变化为脆性状态的温度区域，也称韧脆转变温度。在脆性转变温度区域以上，金属材料处于韧性状态，断裂形式主要为韧性断裂；在脆性转变温度区域以下，材料处于脆性状态，断裂形式主要为脆性断裂。脆性转变温度越低，说明钢材的抵抗冷脆性能越高，除了 Mn 元素以外，Ni、Al、Ti 元素的含量增加，则缺口韧性增加；但 C、P、S 元素的含量增加，则缺口韧性减小。Ni 元素可以抑制局部应力的增加，因而增加了钢的韧性；同时，Ni 可降低临界点并增加奥氏体的稳定性，所以其淬火温度可降低，淬透性好。对于 Si 元素，含量 0.2% 以下时，若含量增加，则韧性增加；当 Si 元素含量＞0.2% 时，随着含量增加，则韧性降低。

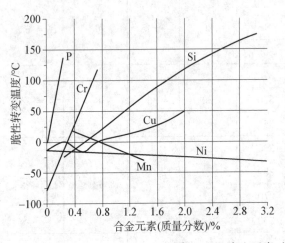 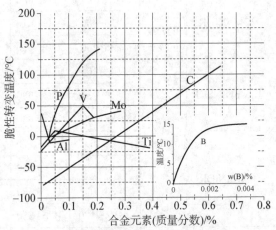

图 2-42　合金元素对脆性转变温度的影响

Cu 和 Cr 约占 0.5% 以上时，钢材韧性降低；O 和 N 等气体成分一般会对钢材产生有害影响，降低钢材韧性；氮化物如 AlN、TiN 等，有利于增加钢材的缺口韧性。

2) 热处理及组织的影响

热处理可以改善钢的组织，从而增强钢材的断口韧性。常用的热处理方法中，正火（常化）能改善钢材压延性，从而改善钢材的断口韧性；与调质处理（淬火＋高温回火）相比，低碳回火马氏体组织使得钢材的断口韧性更优良。

调质钢的焊接后热处理（PWHT）会使得断口韧性降低；这称为焊后处理脆化，它是回火脆性的一种。

3) 结晶粒度及轧制（压延）温度的影响

钢中铁素体晶粒越小，钢材的断口韧性越好。图 2-43 为铁素体晶粒度对脆性转变

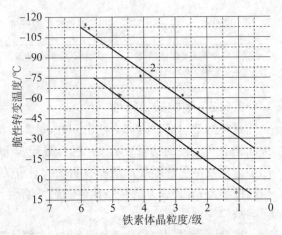

图 2-43　铁素体晶粒度对脆性转变温度的影响

温度的影响。若热压延温度低,则铁素体的粒度会减小,钢材的断口韧性得到改善。少添加 Al、Ti 元素,会使得奥氏体晶粒和铁素体晶粒细化,从而使得钢的端口韧性增强。

4)冷加工及变形时效处理

低碳素钢若采用冷加工结合时效处理,则会使得钢的断口韧性降低。

5)焊接的影响

焊接会使得钢材的断口韧性显著改变,具体体现是焊接热影响区域(heat affected zone, HAZ)对材料韧性的影响。

2.6.4　焊接热影响区域的材质变化

2.6.4.1　焊接热量和冷却速度

焊接部由焊接金属、热影响区域及母材形成。焊接金属与热影响区域的结合部称为融合部。焊接热影响区域的材质产生变化,是由于母材受到焊接热量多少以及传递速度的影响。

1)焊接热输入

焊接电弧的热能与电弧电流、电弧电压和焊接速度 v(cm/min)有关,单位焊接长度的电弧热量 H 为

$$H = \frac{I \cdot V}{v} \times 0.06 \quad (\text{kJ/cm}) \tag{2-13}$$

式中,I 为电弧电流;V 为电弧电压。

例如,焊接电流 200 A,电弧电压 20 V,移动速度 20 cm/min,则焊接热为 12 kJ/min。

2)冷却速度和冷却时间

焊接部的冷却速度受到焊接热量、板厚、接头形式、焊接前板材的温度等因素的影响。一般情况下,焊接热量小、板厚大、预热温度低,则冷却速度大。在温度变化一定的情况下,冷却速度取决于冷却时间。一般情况下,从 800~500 ℃ 的值开始计量冷却时间,一般取 540 ℃ 开始。

2.6.4.2　焊接热影响区域的组织、硬度及脆性变化

在焊接热影响区域,焊接热量及融合部的距离不同,冷却速度、最高加热温度也不同,相应的热影响区域内材料的组织和硬度也会发生连续变化。

1)热影响区的组织

钢焊接热影响区的组织见表 2-28。

表 2-28　钢焊接热影响区的组织

名称	加热温度范围	组织
焊接金属	熔融温度(1 500 ℃)以上	熔融凝固范围,液态组织
粗粒区	>1 250 ℃	晶粒粗大化,硬化、产生裂纹
混粒区(中间粒区)	1 250~1 100 ℃	粗粒和细粒混杂,性质处于两者之间
细粒区	1 100~900 ℃	再结晶下晶粒细化,脆性等机械性能良好
球状珠光体区	900~750 ℃	粒状珠光体由铁素体和粒状碳化物组成,它由过共析钢经球化退火或马氏体在 650 ℃~A1 温度范围内回火形成。其特征是碳化物呈颗粒状分布在铁素体上。脆性差

（续表）

名称	加热温度范围	组　　织
脆化区	750～200 ℃	与淬火以及时效处理相比,出现脆化现象
母材原材质区	200 ℃～室温	母材未受到焊接热的影响

焊接结构件用钢一般约加热到 900 ℃(Ac_3 点)以上,变为奥氏体相后急速冷却,与最高加热温度相对应,在急速冷却下,大粒度的奥氏体相生成。特别是 1 250 ℃以上粗粒区显著粗大化,合金元素含量高的钢中硬的马氏体相经淬火后生成。

如果在 1 100～900 ℃加热,那么结晶晶粒会变得微细,称作细粒区。在 900～750 ℃(即 Ac_1)内加热,不完全奥氏体冷却,出现特殊的组织和性能。在 700～200 ℃内加热,与 C 和 N 析出的时效处理相比,低碳钢的缺口韧性变差。

2) 连续冷却变换(continuous cooling transformation, CCT)图

冷却速度对组织变化影响极大,直接影响粗粒区的硬度及脆性变化。为了表征这种影响,可以用钢材的连续冷却曲线进行分析。图 2 - 44 为 16MnR 低合金钢的 CCT 图。图 2 - 44b 中, t_b' 为开始出现贝氏体的临界冷却时间; t_f' 为开始出现铁素体的临界冷却时间; t_p' 为开始出现珠光体的临界冷却时间; t_m' 为马氏体转变结束的临界冷却时间; t_e' 为贝氏体转变结束的临界冷却时间。

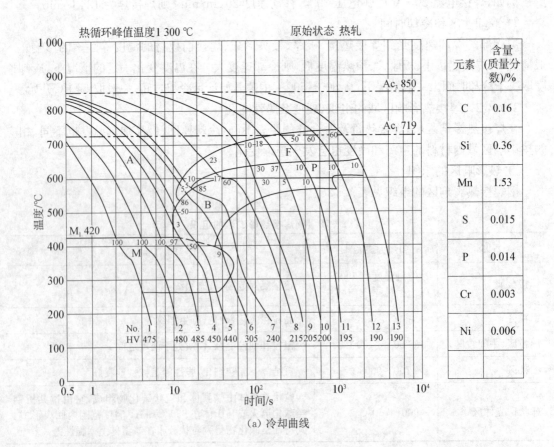

(a) 冷却曲线

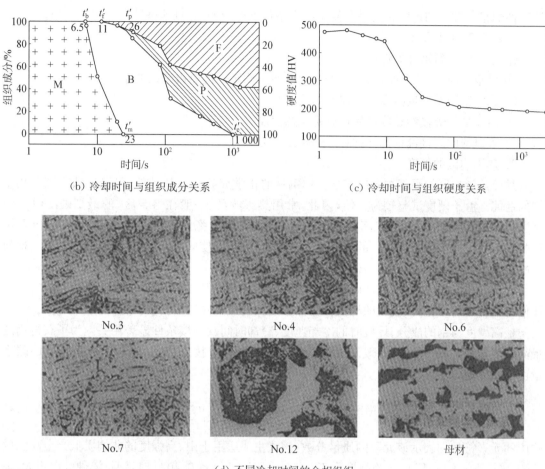

(b) 冷却时间与组织成分关系　　　　　　(c) 冷却时间与组织硬度关系

(d) 不同冷却时间的金相组织

F—铁素体；P—珠光体；B—贝氏体；M—马氏体；A—奥氏体

图 2-44 16MnR 低合金钢的 CCT 图

　　热处理 CCT 图中，一般是将试件加热到 800～900 ℃，待出现奥氏体化后开始冷却。对于焊接接头，需要关注的是熔合线附近热影响区域的组织状态。CCT 图是将试件加热到熔点温度即 1 300～1 350 ℃之后，以不同的速度进行冷却获得的。

　　图 2-44 中有 13 条冷却曲线对应于 13 个不同的冷却速度，因而得到不同的相变温度、相变组织及组成百分比，也给出了不同冷却速度条件下在室温测得的维氏(HV)硬度值。

　　(1) 焊接 CCT 图的特点。

　　① 加热的峰值温度高。因为近缝区熔合线附近的温度接近金属的熔化温度，对于低碳钢和低合金钢来讲，一般都在 1 350 ℃左右。

　　② 加热速度快。由于焊接时采用的热源更为集中，比热处理时加热的速度快得多，往往超过几十倍甚至几百倍。

　　③ 高温停留的时间短。焊接时由于热循环的特点，保留时间较短，如在手工电弧焊的条件下。Ac_3(见说明)以上停留时间只有 20 s 左右，埋弧自动焊时间为 30～100 s。

　　④ 自然条件下连续冷却。在个别情况下进行焊后保温或焊后热处理，之后进行连续冷却。

　　⑤ 局部集中加热。在焊接过程中，随热源的移动，局部加热地区的范围也在不断地移动，

这就使焊接条件下的组织转变是在复杂应力条件下进行的,并且这种转变过程不均匀。

（2）焊接 CCT 图的应用。

① 用于评定新钢种的焊接性。

② 可根据焊接 CCT 图,由选定的焊接参数来确定焊接热影响区的组织。

③ 确定钢种不产生冷裂纹所需要的线能量。

④ 由少量的焊接参数即可快速确定预热温度。

⑤ 可以帮助焊接设计选择材料和焊接工艺方法。

3）热影响区的硬度

焊接热影响区的硬度主要决定于被焊钢材的化学成分和冷却条件,可以反映不同金相组织的性能。由于硬度试验较为方便,因此,常用热影响区(一般在熔合区)的最高硬度(H_{max})判断热影响区的性能,它可以间接预测热影响区的韧性、脆性和抗裂性等。近年来,已经用 HAZ 的 H_{max} 作为评定焊接性的重要标志。应当指出,即使同一组织,也有不同的硬度。这与钢的含碳量、合金成分及冷却条件有关。

在钢的热影响区,组织和硬度随着熔融部的距离变化而变化。如前述粗粒区出现的马氏体使得材料显著硬化,该硬度的峰值称为热影响区的最高硬度,对钢的可焊性非常重要。

最高硬度与钢的成分、焊接时的冷却速度、冷却时间及焊接条件显著相关。为了获得钢的最高硬度与钢的成分关系,一般采用碳当量(C_{eq})。国际焊接协会(IIW)以及欧洲推荐的碳当量由下式计算:

$$C_{eq} = C + \frac{1}{6}Mn + \frac{1}{5}(Cr + Mo + V) + \frac{1}{15}(Ni + Cu) \quad (\%) \qquad (2-14)$$

式中的元素符号均表示该元素的质量分数,该式主要适用于中、高强度的非调质低合金高强度钢($\sigma_b = 500 \sim 900\,MPa$)。 当板厚小于 $20\,mm$、CE(IIW) $< 0.40\%$ 时,钢材淬硬倾向不大,焊接性良好,无须预热;CE(IIW) $= 0.40\% \sim 0.60\%$,特别当大于 0.5% 时,钢材易于淬硬,焊接前须预热。

日本推荐的碳当量计算式为

$$C_{eq} = C + \frac{1}{6}Mn + \frac{1}{24}Si + \frac{1}{40}Ni + \frac{1}{5}Cr + \frac{1}{4}Mo + \frac{1}{14}V \quad (\%) \qquad (2-15)$$

该式主要适用于低碳调质的低合金高强度钢($\sigma_b = 500 \sim 1\,000\,MPa$)。

随着含碳量增加,硬度增加,布氏硬度(HB)曲线如图 2-45 所示。

若焊接热循环中的冷却速度越大,冷却时间越短,则最高硬度越大。

焊接热影响区的脆化一般是引起焊接接头开裂和脆性破坏的主要原因。目前其脆化的形式有粗晶脆化、析出脆化、组织转变脆化、

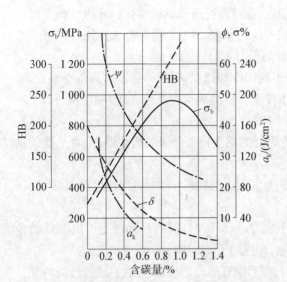

图 2-45 碳当量和最高硬度的布氏硬度(HB)曲线

热应变时效脆化、氢脆及石墨脆化等。

2.6.5 焊接缺陷及防范措施

焊接作业后出现焊接接头的不完整性现象称为焊接缺陷,主要有焊接裂纹、未焊透、咬边、夹渣、气孔和焊缝外观缺陷等。焊接缺陷减少了焊缝截面积,降低了承载能力,产生应力集中,引起裂纹;同时,焊接缺陷也降低疲劳强度,容易引起焊件破裂并导致脆断,从而引起失效。

1) 气孔

焊接时,因熔池中的气泡在凝固时未能逸出,而在焊缝金属内部(或表面)所形成的空穴,称为气孔,气孔缺陷如图 2 - 46 所示。气孔会减小焊缝的有效截面积,降低焊缝的机械性能,损坏焊缝的致密性。

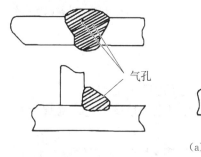
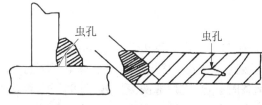

(a) 气孔缺陷类型

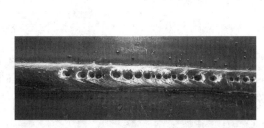
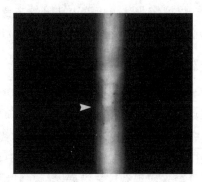

(b) 焊接气孔缺陷实物图

图 2 - 46 气孔缺陷

焊接作业时,防止气孔缺陷的主要措施包括:

(1) 焊前必须将焊条或焊剂按规定的温度和时间进行烘干,取出后放在焊条保温桶中,做到随用随取。

(2) 应选取药皮不开裂、脱落、变质、偏心,且含碳量低、脱氧能力强的焊条。焊丝表面应清洁,去除油污和锈层。

(3) 焊接作业前,应清理坡口及两侧,去除氧化物、油脂和水分等。

(4) 用碱性焊条施焊时,应保持较低的电弧长度,当外界风大时应采取防风措施。

(5) 选择合适的焊接规范,缩短灭弧停歇时间。灭弧后,当熔池尚未全部凝固时,应及时再引弧给送熔滴,击穿焊接。

(6) 运条角度要适当,操作应熟练,作业过程中不要将熔渣拖离熔池。

2）咬边

在焊缝金属与基体金属交界处，沿焊趾的母材部位，金属被电弧烧熔后形成的凹槽称为咬边，咬边缺陷如图2-47所示。咬边减少了基体金属的有效截面，从而直接削弱了焊接接头的强度，在咬边外，容易引起应力集中，承载后可能在该处产生裂纹。

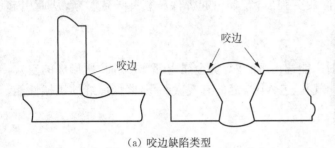

（a）咬边缺陷类型　　　　　　　　　　（b）焊接咬边缺陷实物图

图2-47　咬边缺陷

（1）焊接过程中产生咬边缺陷的主要原因。

① 焊接电流过大，电弧过长，或运条角度不当，焊缝部位不平整等。

② 运条时，电弧在焊缝两侧停顿时间较短，液态金属未能填满熔池。横焊时在上坡口面停顿的时间过长、运条操作不正确也会造成咬边。

③ 埋弧焊时产生咬边主要原因是焊接电流过大，焊接速度过快，焊丝角度不当。

（2）焊接作业时防止咬边缺陷的主要措施。

① 选择适宜的焊接电流、运条角度，进行短弧操作。

② 焊条摆动至坡口边缘，稍做稳弧停顿，操作应熟练、平稳。

③ 埋弧焊的焊接工艺参数要选择适当。

3）夹渣

焊接作业后，残留在焊缝中的熔渣称为夹渣，夹渣缺陷如图2-48所示。根据其成形的情况，夹渣可分为线状的、孤立的及其他形式。夹渣会降低焊缝的塑性和韧性；其尖角往往造成应力集中，特别是在空淬倾向大的焊缝中，尖角顶点常形成裂缝。铸件在受应力作用下，焊缝中夹渣处会先出现裂纹并沿展，导致强度下降、焊缝开裂。

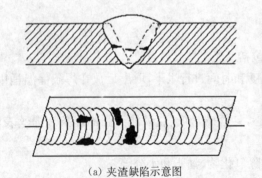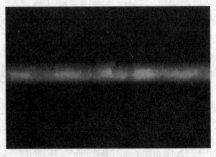

（a）夹渣缺陷示意图　　　　　　　　　　（b）焊接夹渣缺陷实物图

图2-48　夹渣缺陷

焊接作业时防止夹渣缺陷的主要措施包括：

（1）先清除锈皮和焊层间的熔渣，铲平凸凹不平处，之后才进行下一道焊接。

（2）选用具有良好焊接工艺性能的焊条,选择合适的焊接电流,以改善熔渣上浮的条件,从而更有利于防止夹渣的产生。遇到焊条药皮成块脱落时,必须停止焊接,查明原因并更换焊条。

（3）选择合适的运条角度,操作应熟练,使熔渣和液态金属很好地分离。

4）未焊透

焊接作业后,接头根部未完全熔透的现象称为未焊透。对于对接焊缝,也指焊缝未达到设计要求的现象。未焊透缺陷如图 2-49 所示。

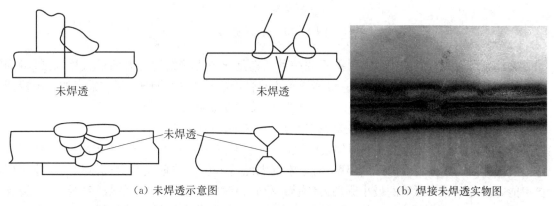

（a）未焊透示意图　　　　　　　　　（b）焊接未焊透实物图

图 2-49　未焊透缺陷

焊接作业时防止未焊透缺陷的主要措施包括:

（1）选择合适的坡口角度、装配间隙及钝边尺寸,并防止错边。

（2）选择合适的焊接电流、焊条直径,运条角度应适当。如果焊条药皮厚度不均产生偏弧时,应及时更换。

（3）掌握正确的焊接操作方法,对手工电弧焊的运条和氩弧焊焊丝的送进应稳、准。熟练地击穿尺寸适宜的熔孔,应把熔敷金属送至坡口根部。

5）焊接裂纹

在焊接应力及其他致脆因素共同作用下,焊接接头中局部地区的金属原子结合力遭到破坏,在形成新界面所产生的缝隙称为裂纹。按形态裂纹可分为纵向裂纹、横向裂纹、弧坑裂纹、焊趾裂纹、焊根裂纹、热影响区再热裂纹等,裂纹缺陷如图 2-50 所示。

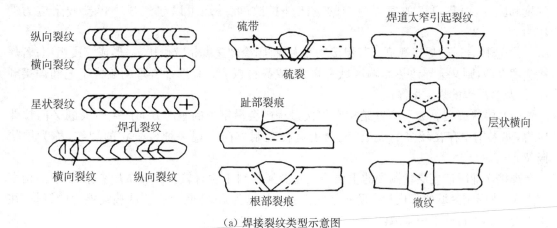

（a）焊接裂纹类型示意图

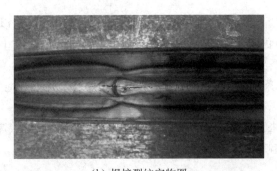

(b) 焊接裂纹实物图

图 2-50　裂纹缺陷

裂纹是所有焊接缺陷中危害最严重的一种。它是导致焊接结构失效的最直接因素,特别是在锅炉压力容器的焊接接头中,它可能导致灾难性的事故发生。此外,裂纹最大的一个特征是具有扩展性,在一定的工作条件下会不断地"生长",直至断裂。

焊接作业时产生裂纹缺陷的主要原因及其防止措施分述如下。

(1) 冷裂纹。它是焊接头冷却到较低温度[对于钢在 Ms(martensite start)温度以下,Ms 是指奥氏体向马氏体转变的开始温度,对碳素钢来说是 230 ℃,同时也是奥氏体和马氏体两相自由能之差达到相变所需的最小驱动力(临界驱动力)时的温度]时产生的焊接裂纹。冷裂纹的起源多发生在具有缺口效应的焊接热影响区域或有物理化学不均匀的氢聚集的局部区域,裂纹有时沿晶界扩展,也有时沿穿晶扩展。裂纹的具体扩展方式由接头的金相组织、应力状态及氢的含量决定。

焊接作业时防止冷裂纹缺陷的主要措施包括:

① 选择合适的焊接材料,如优质的低氢焊接材料和低氢的焊接方法。对重要的焊接结构,应采用超低氢、高韧性的焊接材料,焊条、焊剂使用前应按规定烘干。

② 焊前清除坡口周围基体金属表面和焊丝上的水、油、锈等污物,减少氢的来源,以降低焊缝中扩散氢的含量。

③ 采用低匹配的焊缝或"软层焊接"的方法,对防止冷裂纹也非常有效。

④ 避免强力组装,防止错边、角变形等引起的附加应力,焊接结构设计时应对称布置焊缝,并避免焊缝密集,尽量采用对称的坡口形式,防止焊缝缺陷的产生。

⑤ 焊前预热和焊后缓慢冷却,不仅可以改善焊接接头的金相组织、降低热影响区域的硬度和脆性,而且可以加速焊缝中的氢向外扩散;此外还可以起到减小焊接残余应力的作用。

⑥ 选择合适的焊接规范。若焊接速度太快,则冷却速度相应也快,易形成淬硬组织;若焊接速度太慢,则又会导致热影响区域变宽,造成晶粒粗大。宜选择合理的装配工艺和焊接顺序,以及多层焊的焊层熔深。

(2) 层状撕裂。大型厚壁结构在焊接过程中会沿钢板的厚度方向产生较大的 Z 向拉伸应力,如果钢中存在较多的夹层,就会沿钢板轧制方向出现一种台阶状的裂纹,称为层状撕裂。

焊接作业时产生层状撕裂的主要原因是金属材料中含有较多的非金属夹杂物,Z 向拘束应力大,热影响区域的脆化等。防止层状撕裂的措施为:选用具有抗层状撕裂能力的钢材,在接头设计和焊接施工中采取降低 Z 向应力和应力集中的方法。

（3）热裂纹。焊缝和热影响区金属冷却到固相线附近的高温区所产生的焊接裂纹称为热裂纹。沿奥氏体晶界开裂，裂纹多贯穿于焊缝表面，断口被氧化，呈氧化色。常有结晶裂纹、液化裂纹和多边化裂纹等。

焊接作业时防止热裂纹缺陷的主要措施包括：

① 控制焊缝金属的化学成分。严格控制硫、磷的含量，适当提高含锰量，以改善焊缝组织，减少偏析，控制低熔点共晶体的产生。

② 控制焊缝截面形状。对于焊缝，宽深比要稍大，以避免焊缝中心的偏析。

③ 选择合适的焊接规范。对于刚性大的焊件，应选择合适的焊接规范、合理的焊接次序和方向，以减小焊接应力。

④ 预热和冷却措施。除奥氏体钢等材料外，对于刚性大的焊件，采取焊前预热和焊后缓冷的办法，是防止产生热裂纹的有效措施。

⑤ 合理选择焊条。采用碱性焊条，甚至提高焊条或焊剂的碱度，以降低焊缝中的杂质含量，改善偏析程度。

（4）再热裂纹。对于某些含有沉淀强化元素（如 Cr、Mo、V、Nb 等）的高强度钢和高温合金（包括低合金高强钢、珠光体耐热钢、沉淀强化的高温合金及某些奥氏体不锈钢等），焊接后并无裂纹发生，但在热处理过程中可能析出沉淀硬化相，从而导致热影响区域中的粗晶区或焊缝区产生裂纹。有些焊接结构即使焊后消除应力热处理过程中不产生裂纹，而在 $500\sim600\,℃$ 温度下长期运行中也会产生裂纹。上述裂纹统称再热裂纹。

焊接作业时防止再热裂纹的主要措施包括：

① 控制基体金属的化学成分（如 Mo、V、Cr 的含量），以使再热裂纹的敏感性减小。

② 在焊接工艺方面，要改善粗晶区的组织，减少马氏体组织，从而保证接头具有一定的韧性。

③ 焊接接头设计，减少应力集中并降低残余应力。在保证强度条件下，尽量选用屈服强度低的焊接材料。

6）变形

焊接变形是指在焊接过程中被焊工件受到不均匀温度场的作用而产生的形状、尺寸变化。随温度（时间）变化而变化的称为焊接瞬时变形；被焊工件完全冷却到初始温度时的改变，称为焊接残余变形，焊接变形如图 2-51 所示。

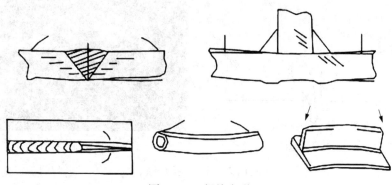

图 2-51　焊接变形

焊接作业时,减小焊接变形的主要措施参见 2.4.5.3 节"减小焊接变形的措施"。

7) 未熔合

熔焊时,焊道与母材之间或焊道之间未能完全熔化结合在一起的部分称为未熔合,也称为"假焊"。常见的未熔合部位包括坡口边缘未熔合、焊缝金属层间未熔合,未熔合缺陷如图 2-52 所示。

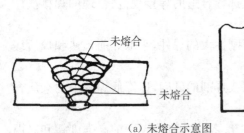

（a）未熔合示意图　　　　　　　　　　（b）未熔合缺陷实物图

图 2-52　未熔合缺陷

未熔合是一种危险的焊接缺陷,焊缝出现间断和突变部位,会使得焊接接头的强度大大降低。未熔合部位还存在尖劈间隙,承载后应力集中严重,极易由此处产生裂纹。

焊接作业时,防止未熔合缺陷的主要措施包括:

(1) 焊条或焊枪的倾斜角度要适当,并注意观察坡口两侧母材金属的熔化情况。

(2) 选用稍大的焊接电流,以使基体金属或前一道焊层金属充分熔化。

(3) 当焊条偏弧时,应及时调整焊条角度,或者更换焊条,使电弧始终对准熔池。

(4) 对坡口表面和前一层焊道的表面,应进行清理,使之露出金属光泽后再施焊。

(5) 横焊操作时,掌握好上、下坡口面的击穿顺序,保持适宜的熔孔位置和尺寸大小。气焊和氩弧焊时,焊丝的送进需要熟练地从熔孔上坡口拖到下坡口。

8) 烧穿

焊接过程中,在焊缝的某处或多处形成的穿孔称为烧穿。焊接烧穿如图 2-53 所示。

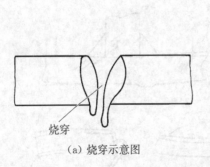

（a）烧穿示意图　　　　　　　（b）焊接烧穿实物图

图 2-53　焊接烧穿

焊接作业时产生烧穿的原因是焊接电流过大、焊接速度过慢、坡口间隙过大,其防止措施是选择合适的焊接电流、坡口角度和装配间隙。

2.6.6 可焊性

（1）常用钢材的可焊性分为良好、一般、较差和差四个等级，见表2-29。在进行焊接接头设计时，表2-29可以作为选择母材的依据。

表 2-29 常用钢材的可焊性

钢号	可焊性			特点
	等级	概略指标/%		
		合金元素总含量	含碳量	
Q195，Q215，Q235 08，10，15，25，ZG25 Q345，16MnCu，Q390 15MnTi，Q295，09Mn2Si，20Mn 15Cr，20Cr，15CrMn 0Cr13，1Cr18Ni9，1Cr18Ni9Ti， 2Cr18Ni9，0Cr17Ti，0Cr18Ni10， 0Cr18Ni9Ti，0Cr17Ni13Mo2Ti， 1Cr18Ni10Ti，1Cr17Ni13Mo2Ti， Cr17Ni13Mo3Ti，1Cr17Ni13Mo3Ti	Ⅰ（良好）	1以下	0.25以下	在普通生产条件下都能焊接，没有工艺限制，对于焊接前后的热处理及焊接热规范没有特殊要求。焊接后的变形容易矫正。厚度大于20mm、结构刚度很大时要预热 低合金钢预热及焊后热处理。1Cr18Ni9，1Cr18Ni9Ti须预热焊后高温退火。要做到焊缝成形好，表面粗糙值小，才能很好地保证耐腐蚀性能
		1~3	0.20以下	
		3以上	0.18以下	
Q255，Q275 30，35，ZG230-450 30Mn，18MnSi，20CrV，20CrMo， 30Cr，20CrMnSi，20CrMoA，12CrMoA， 22CrMo，Cr11MoV，1Cr13，12CrMo， 14MnMoVB，Cr25Ti，15CrMo， 12CrMoV	Ⅱ（一般）	1以下	0.25~0.35	形成冷裂倾向小，采用合理的焊接热规范可以得到满意的焊接性能。在焊接复杂结构和厚板时，必须预热
		1~3	0.20~0.30	
		3以上	0.18~0.25	
Q275 35，40，45 40Mn，35Mn2，40Mn2，20Cr， 40Cr，35SiMn，30CrMoSi，30Mn2， 35CrMoA，25Cr2MoVA，30CrMoSiA， 2Cr13，Cr6SiMo，Cr18Si2	Ⅲ（较差）	1以下	0.35~0.45	通常情况下，焊接时有形成裂纹的倾向，焊前应预热，焊后应热处理，只有有限的焊接热规范可能获得较好的焊接性能
		1~3	0.30~0.40	
		3以上	0.28~0.38	
Q275 50，55，60，65，85 50Mn，60Mn，65Mn，45Mn2， 50Mn2，50Cr，30CrMo，40CrSi， 35CrMoV，38CrMoAlA，35SiMnA， 35CrMoVA，30Cr2MoVA，3Cr13， 4Cr9Si2，60Si2CrA，50CrVA， 30W4Cr2VA	Ⅳ（差）	1以下	0.45以上	焊接时很容易形成裂纹，但在采用合理的焊接规范、焊前预热和焊后热处理的条件下，这些钢也能够焊接
		1~3	0.40以上	
		3以上	0.38以上	

（2）铸铁的可焊性见表 2-30。

表 2-30　铸铁的可焊性

焊接金属	焊接方法与焊接接头的特点		可焊性	备注
灰铸铁	电弧冷焊	铸铁焊条:加工性一般,易出现裂纹,只适于小、中型工件中较小缺陷的焊补,如小砂眼、小气孔及小裂缝等	Ⅰ(良好)	复杂铸件均应整体加热,简单零件用焊具局部加热即可
		铜钢焊条:加工性较差,抗裂纹性好,强度较高,能承受较大静载荷及一定动载荷,能基本满足焊缝致密性要求。对复杂、刚度大的焊件不宜采用		
		镍铜焊条:加工性好,强度较低,用于刚度不大、预热有困难的焊件上		
	铸铁焊条气焊:加工性良好,接头具有与工件相近的机械性能与颜色,焊补处刚度大;结构复杂时,易出现裂纹,适于焊补刚度不大、结构不复杂、待加工尺寸不大的焊件			
	铸铁焊条热焊及半热焊:加工性、致密性都好,内应力小,不易出现裂纹,接头具有与母材相近的强度,但生产率低,主要用于修复,焊后须加工,对承受较大静载荷、动载荷、要求致密性等的复杂结构中。大的缺陷且工件壁较厚时用电弧焊,中小缺陷且工件较薄时用气焊			
	铸铁焊条电渣焊补:加工性、强度及紧密性良好,但在焊补复杂及刚度大的工件时,易发生裂纹			
可锻铸铁	复杂铸件应整体加热,简单零件用焊具局部加热即可。重熔部分易产生白口			
球墨铸铁	手工电弧焊	低碳钢焊条:容易产生裂纹	Ⅲ(较差)	
		镍铁焊条冷焊:加工性良好,接头具有与母材相等的强度		
	气焊:用于接头质量要求高的中小型缺陷的修补			
白口铸铁	硬度高、脆性大,容易产生裂纹,不宜进行焊接		Ⅳ(差)	硬度高、脆性大,容易出现裂纹

（3）有色金属的可焊性见表 2-31。

表 2-31　有色金属的可焊性

焊接金属	可焊性	焊接方法与焊接接头的特点	备　注
铜	Ⅱ(一般)	通常采用气焊和氩弧焊,选择合适的焊丝以达到焊接要求	大尺寸的复杂铸件,焊前须预热
黄铜(Cu-Zn)	Ⅰ(良好)		薄的轧制黄铜板无须预热;大的复杂的结构,厚板须预热。铸造黄铜工件须全部或局部预热
硅青铜,磷青铜			
锡青铜,铝青铜	Ⅲ(较差)		主要用于焊补铸件,焊前须预热,焊后应缓慢冷却

(续表)

焊接金属	可焊性	焊接方法与焊接接头的特点	备　注
纯铝 L2，L3，L4，L5	Ⅰ（良好）		
铝镁 LF，LF3，LF4，LF6			
锰铝	Ⅱ（一般）		焊缝＞18 mm 时容易出现裂纹
硬铝	Ⅲ（较差）		
Al－Zn－Mn－Cu 高强度铝合金	Ⅳ（差）		结晶裂缝倾向大

（4）异种金属的可焊性见表 2－32。

表 2－32　异种金属的可焊性

被焊材料牌号	气焊	氢原子焊	二氧化碳保护焊	手工电弧焊	氩弧焊
20＋30CrMnSiA	√	√	√	√	√
20＋30CrMnSiNi2A		√		√	√
20＋1Cr18Ni9Ti	√		√	√	√
30CrMnSiA＋1Cr18Ni9Ti	√		√	√	√
30CrMnSiA＋30CrMnS5Ni2A		√			√
1Cr18N59Ti＋1Cr19Ni11Si4AlTi			√		√
LF21＋LF2	√				√
LF21＋LF3					√
LF21＋ZL－101	√				
LF3＋LF6					√

注："√"表示可焊。

2.7　焊接工艺规范

　　焊接工艺规范规定了各种焊接方法，如氩弧焊、CO_2 气体保护焊等所使用的焊接设备、材料、焊接准备、焊接工艺参数、焊接操作工艺流程和作业人员资格等。

2.7.1　焊接方位

　　按照焊接位置，焊接可以分为平焊、立焊、横焊和仰焊四种，基本焊接位置（方向）见表 2－33。

表 2-33　基本焊接位置(方向)

对接焊缝	角接焊缝
平焊:焊板位于水平位置,由上面熔敷填充金属	船形焊:焊板的配置使焊缝位于水平位置,焊缝喉部位于垂直位置
横焊:焊板位于垂直位置,焊缝轴线位于水平位置	角平焊:一块焊板位于水平位置,另一块焊板位于垂直位置。两块焊板之间的焊缝在水平面内进行
立焊:焊板位于垂直位置,焊缝轴线也位于垂直位置	角立焊:焊板和焊缝轴线位于垂直位置 向上立焊:自下而上填充熔敷金属; 向下立焊:自上而下填充熔敷金属
仰焊:焊板位于水平位置,由下熔敷填充金属	角仰焊:一块焊板位于水平位置;另一块焊板垂直,由下熔敷,并且焊缝位于水平位置

1) 平焊

焊板水平放置,焊条(或焊丝)竖直向下焊接的位置称为平焊。自动焊绝大多数为平焊,无焊波。手工平焊的焊波弯弧较大,作业过程有类似水波纹。

2) 横焊

焊板垂直地面放置,焊道水平走向,焊条(或焊丝)大致水平对准焊道进行焊接的位置称为横焊。横焊都为手工焊,从左往右焊接或从右往左焊接,特别是盖面时,先焊下焊道后依次焊上焊道,从而形成沿焊缝纵向的焊沟。

3) 立焊

焊板垂直地面放置,焊道垂直走向,焊条(或焊丝)大致水平对准焊道进行焊接的位置称为立焊。立焊大都为手工焊,从下往上焊接,焊波弧度较小。焊接时焊条左右摆动,有时形成左右两条焊波。

4) 仰焊

焊板水平放置,焊条(或焊丝)竖直向上焊接的位置称为仰焊。仰焊都为手工焊,这是焊接作业最难焊的位置,熔焊金属如果顶不上去,就会下榻。

2.7.2　焊缝标记

1) 坡口焊缝标记

坡口焊缝的位置区分为 1G、2G、3G、4G、5G、6G,分别表示平焊、横焊、立焊、仰焊、管道水平固定焊、管道斜 45° 固定焊,如图 2-54 所示。

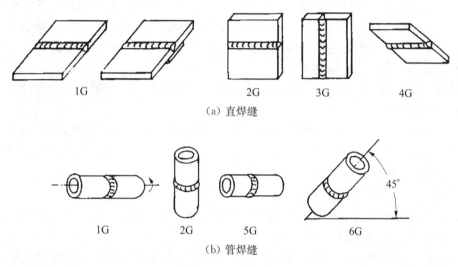

(a) 直焊缝

(b) 管焊缝

图 2-54　坡口焊缝标记

2) 板材角焊缝标记

板材角焊缝分为 1F、2F、3F、4F,分别表示船型焊、横焊、立焊、仰焊,如图 2-55 所示。

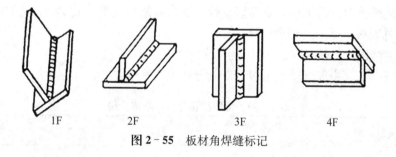

图 2-55　板材角焊缝标记

3) 管板或管角焊缝标记

管板或管角焊缝分为 1F、2F、2FR、4F、5F,分别表示 45° 转动焊、横焊(管轴线垂直)、管轴线水平(转动)焊、仰焊管轴线水平(固定)焊,如图 2-56 所示。

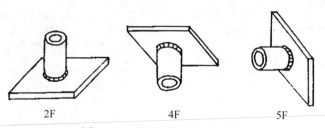

图 2-56　管板或管角焊缝标记

焊接作业时,对于某一焊缝,要根据焊接件的设计要求、焊缝位置、方向及焊接结构件的特点,决定采用适当的焊接方位。

2.7.3　焊缝质量等级

焊缝的质量包括外观质量和内在质量,其中外观质量分为一级、二级和三级三个等级;主要钢结构的焊接都有相关标准,明确规定了各级焊缝允许存在的缺陷种类、数量。

《钢结构工程施工质量验收标准》(GB 50205—2020)中规定了焊缝内在质量评定标准,具体要求为:①一级焊缝质量要求焊缝不得存在未满焊、根部收缩、咬边和接头不良等缺陷;②一级和二级焊缝不得存在表面气孔、夹渣、裂纹和电弧擦伤等缺陷;③三级焊缝只要符合上述二级外观相对略低一点的质量标准即可。

焊缝应根据结构的重要性、载荷特性、焊缝形式、工作环境及应力状态等情况,按下述原则分别选用不同质量等级:

(1) 在需要进行疲劳计算的构件中,凡对接焊缝均应焊透,其质量等级为:

① 作用力垂直于焊缝长度方向的横向对接焊缝或 T 形对接与角接组合焊缝,受拉力时应为一级,受压力时应为二级。

② 作用力平行于焊缝长度方向的纵向对接焊缝,应为二级。

(2) 在不需要计算疲劳的构件中,凡要求与母材等强度的对接焊缝应予焊透,其质量等级对接时应不低于二级、受压时宜为二级。

(3) 重级工作制和吊车起重量 $Q \geqslant 50 \, \mathrm{t}$ 的中级工作吊车梁的腹板与上翼缘之间,以及吊车桁架上弦杆与节点板之间的 T 形接头焊缝均要求焊透,焊缝形式一般为对接与角接组合焊缝,其质量等级不应低于二级。

(4) 不要求焊透的 T 形接头采用的角焊缝或部分焊透的对接与角接组合焊缝,以及搭接连接采用的角焊缝,其质量等级为:

① 对直接承受动力载荷且需要验算疲劳的结构和吊车起重量 $Q \geqslant 50 \, \mathrm{t}$ 的中级工作制吊车梁,焊缝的外观质量标准应符合二级。

② 对其他结构,焊缝的外观质量标准可为三级。

GB 50205—2020 中焊缝质量等级及缺陷分级见表 2-34。

表 2-34　焊缝质量等级及缺陷分级

焊缝质量等级		一级	二级	三级
内部缺陷超声波探伤	评定等级	Ⅱ	Ⅲ	—
	检验等级	B 级	B 级	—
	探伤比例	100%	20%	—
内部缺陷射线探伤	评定等级	Ⅱ	Ⅲ	—
	检验等级	AB 级	AB 级	—
	探伤比例	100%	20%	—
外观质量	未焊满(不满足设计要求)	不允许	≤0.2+0.02t,且≤1.0	≤0.2+0.04t,且≤2.0
			每 100.0 焊缝内缺陷总长≤25.0	

（续表）

焊缝质量等级		一级	二级	三级
	根部收缩	不允许	$\leqslant 0.2+0.02t$，且$\leqslant 1.0$	$\leqslant 0.2+0.04t$，且$\leqslant 2.0$
			长度不限	
	咬边	不允许	$\leqslant 0.05t$且$\leqslant 0.5$；连续长度$\leqslant 100.0$，且焊缝两侧咬边总长$\leqslant 10\%$焊缝全长	$\leqslant 0.1t$且$\leqslant 1.0$，长度不限
	弧坑裂纹		不允许	允许存在个别长$\leqslant 5.0$的弧坑裂纹
	电弧擦伤		不允许	允许存在个别电弧擦伤
	接头不良	不允许	缺口深度$\leqslant 0.05t$，且$\leqslant 0.5$	缺口深度$\leqslant 0.1t$，且$\leqslant 1.0$
	表面夹渣		不允许	深$\leqslant 0.2t$，长$\leqslant 0.5t$，且$\leqslant 20$
	表面气孔		不允许	每50.0长度焊缝内允许直径$\leqslant 0.4t$且$\leqslant 3.0$的气孔2个，孔距应$\geqslant 6$倍孔径

注：1. 探伤比例的计数方法应按以下原则确定：①对工厂制作焊缝，应按每条焊缝计算百分比，且探伤长度应不小于200 mm，当焊缝长度不足200 mm时，应对整条焊缝进行探伤；②对现场安装焊缝，应按同一类型、同一施焊条件的焊缝条数计算百分比，探伤长度应不小于200 mm，并应不少于1条焊缝。

2. 表中 t 为连接处较薄的板厚。

3. 表中单位为mm。

按照 GB 50300—2001，焊接缺陷质量分级为三级。焊缝外观质量应符合下列规定：

（1）一级焊缝不得存在未焊满、根部收缩、咬边和接头不良等缺陷，一级焊缝和二级焊缝不得存在表面气孔、夹渣、裂纹和电弧擦伤等缺陷；

（2）二级焊缝的外观质量除应符合上述第（1）条要求外，尚应满足表 2-35 的有关规定；

（3）三级焊缝的外观质量应符合表 2-35 的有关规定。

表 2-35　焊接缺陷质量分级

检测项目	焊缝质量等级	
	二级	三级
未焊满	$\leqslant 0.2+0.02t$ 且$\leqslant 1$ mm，每100 mm长度焊缝内未焊满累积长度$\leqslant 25$ mm	$\leqslant 0.2+0.04t$ 且$\leqslant 2$ mm，每100 mm长度焊缝内未焊满累积长度$\leqslant 25$ mm
根部收缩	$\leqslant 0.2+0.02t$ 且$\leqslant 1$ mm，长度不限	$\leqslant 0.2+0.04t$ 且$\leqslant 2$ mm，长度不限
咬边	$\leqslant 0.05t$ 且$\leqslant 0.5$ mm，连续长度$\leqslant 100$ mm，且焊缝两侧咬边总长$\leqslant 10\%$焊缝全长	$\leqslant 0.1t$ 且$\leqslant 1$ mm，长度不限

（续表）

检测项目	焊缝质量等级	
	二级	三级
裂纹	不允许	允许存在长度≤5 mm 的弧坑裂纹
电弧擦伤	不允许	允许存在个别电弧擦伤
接头不良	缺口深度≤0.05t 且≤0.5 mm，每 1 000 mm 长度焊缝内不得超过 1 处	缺口深度≤0.1t 且≤1 mm，每 1 000 mm 长度焊缝内不得超过 1 处
表面气孔	不允许	每 50 mm 长度焊缝内允许存在直径≤0.4t 且≤3 mm 的气孔 2 个；孔距应≥6 倍孔径
表面夹渣	不允许	深≤0.2t，长≤0.5t 且≤20 mm

注：表中，t 为连接处较薄的板厚度。

2.7.4　焊接设备

对于自动焊接，要根据焊接工艺规范，确定焊接电源、焊枪、送丝机构、保护气体及输送装置、焊接工装、焊接夹具和焊枪移动装置。焊枪移动装置包括机器人和焊接小车，如图 2 - 57 所示。

（a）轮式焊接小车　　　　　（b）轨道式焊接小车

（c）焊接机器人

图 2 - 57　焊枪移动装置

2.7.5 焊接工艺参数

焊接工艺参数是焊接时为了保证焊接质量而选定的物理量的总称,与焊接工艺和焊接方法等因素有关,操作时须根据被焊工件的材质、牌号、化学成分、焊件结构类型和焊接性能要求来确定。焊接作业的工艺参数包括焊接电流(电压)、极性、焊接速度、焊接材料、坡口形状及尺寸、焊道层数、焊接姿态、保护气体类型及输送速度等。

(1)焊条种类和牌号的选用,应根据钢材的类别、化学成分及力学性能,结构的工作条件(载荷、温度、介质)和结构的刚度特点等进行综合考虑。必要时,需要进行焊接试验来确定焊条型号和牌号。

(2)焊接速度就是焊条沿焊接方向移动的速度,主要取决于焊条的类型。较大的焊接速度可以获得较高的焊接生产率,但是,焊接速度过大,会造成咬边、未焊透、气孔等缺陷;而过慢的焊接速度,又会造成熔池满溢、夹渣、未熔合等缺陷。

(3)焊接电流的选择,主要决定于焊条的类型、焊件材质、焊条直径、焊件厚度、接头形式、焊接位置以及焊接层数等。

(4)焊条直径的选择,根据被焊工件的厚度、接头形状、焊接位置和预热条件来确定。焊条直径规格为 1.6mm、2.5mm、3.2mm、4.0mm、5.0mm、5.8mm 等。根据被焊工件的厚度,焊条直径按表 2-36 进行选择。

(5)焊接层数的选择,多层多道焊有利于提高焊接接头的塑性和韧性,除了低碳钢对焊接层数不敏感外,其他钢种都希望采用多层多道无摆动法焊接,每层增高不得大于 4mm。

气体保护焊的工艺参数见表 2-36。

表 2-36 气体保护焊的工艺参数

焊接方式	焊丝直径/mm	焊件厚度适用范围/mm	电源极性	焊接电流/A	电弧电压/V	干伸长/mm	保护气体	气体流量/(L/min)
CO_2 实芯	0.8	1~3	直流反接	80~120	17~20	8~12	99.7% CO_2	8~15
	1.0	3		140~160	22~24	10~15		8~15
		4~5		160~180	24~26			8~15
		5~6		180~200	26~28			8~15
		6~8		200~220	28~30			10~20
		8~10		220~240	32~34			10~20
		10 以上		250~280	34~37			15~25
	1.2	10 以上		210~250	30~33	12~20		15~25
				250~300	34~38			15~25
MAG	0.8	1~3	直流反接	80~120	16~18	8~12	80% Ar+ 20% CO_2	8~15
	1.0	3		140~160	18~21	10~15		8~15
		4~6		160~180	21~24			8~15
		6~8		180~200	24~27			10~20

（续表）

焊接方式	焊丝直径 /mm	焊件厚度适用范围/mm	电源极性	焊接电流 /A	电弧电压 /V	干伸长 /mm	保护气体	气体流量 /(L/min)
MAG	1.0	8～10	直流反接	220～240	28～32	10～15	80% Ar+ 20% CO₂	10～20
		10 以上		250～280	32～35			15～25
	1.2	10 以上		210～250	28～32	12～20		15～25
				250～300	32～36			
CO₂ 药芯	1.2	4～6	直流反接	180～200	22～26	12～20	99.7% CO₂	10～20
		6 以上		210～250	28～30			

某一机器人自动焊接工艺参数见表 2-37。

表 2-37　某一机器人焊接工艺参数

接头形式	母材厚度 /mm	坡口形式	焊接位置	焊丝直径 /mm	焊接电流 /A	电弧电压 /V	气体流量 /(L/min)	焊接速度 /(cm/min)
对接接头	1～1.5	I形	平焊	φ1.0	75～80	17.7～18	10～12	20～30
			立焊			17.5～17.8		
	2～2.5	I形	平焊	φ1.0	85～100	18.1～18.5	12～15	20～25
			立焊			17.7～18.1		
	3～4		平焊	φ1.0	100～130	18.5～19.7	15	20～30
			立焊		100～120	18～18.8	15	
	5～6	I形	平焊	φ1.0	120～140	19.3～20.1	15	25～35
			立焊		110～120	18.9～19.3	15	20～25
		V形或单边V形	平焊		110～130	18.9～19.7	15	25～30
			立焊		100～120	18.5～19.3	15	20～25
	8～12	I形	平焊	φ1.0	140～180	20.1～22	18	25～35
			立焊		120～130	19～19.7	18	20～25
		V形或单边V形	平焊		120～140	19.3～20.1	18	25～35
			立焊		110～120	18.5～19	18	20～25
T形接头	1～1.5	I形	平焊	φ1.0	75～85	17.7～18	10～12	20～30
			立焊		70～80	17.5～18		
	2～2.5	I形	平焊	φ1.0	85～110	18.1～18.9	12～15	20～30
			立焊			17.7～18.5		
	3～4		平焊	φ1.0	100～130	18.5～19.7	15	25～35
			立焊		100～120	18.5～19.3	15	

（续表）

接头形式	母材厚度 mm	坡口形式	焊接位置	焊丝直径 /mm	焊接电流 /A	电弧电压 /V	气体流量 /(L/min)	焊接速度 /(cm/min)
T 形接头	5～6	I 形	平焊	ϕ1.0	120～150	19.3～20.5	15	25～40
			立焊		120～130	19.3～19.7	15	
		V 形或单边 V 形	平焊		120～140	19.3～20.2	15	
			立焊		110～120	18.9～19.3	15	
	8～12	I 形	平焊	ϕ1.0	140～180	20.1～22	18	25～40
			立焊		120～140	19.3～20.1	18	
		V 形或单边 V 形	平焊		120～140	19.3～20.1	18	
			立焊		110～130	18.9～19.7	18	

2.7.6　焊接工艺流程

2.7.6.1　焊接设备

根据焊接施工时须用的焊接电流和实际负载持续率选用焊机；每台焊接设备都应有接地装置，并可靠接地；焊接设备应处于正常工作状态，安全可靠，仪表应检定合格。

2.7.6.2　焊缝质量等级

焊缝质量等级的确定应按图纸和设计文件的要求。焊缝质量等级要求如下：

（1）环向对接焊缝、连接挂线板焊缝应满足一级焊缝质量要求。

（2）横担与主管连接焊缝应满足二级焊缝质量要求。

（3）管管相贯焊缝、钢管与带颈平焊法兰连接的搭接角焊缝、钢管与平板法兰连接的环向角焊缝、钢管纵向对接焊缝应满足二级焊缝外观质量要求。

（4）其他焊缝应达到三级焊缝的质量要求。

2.7.6.3　焊前准备

1）坡口加工

焊缝坡口形式和尺寸，应以 GB/T 985.1、GB/T 985.2 的有关规定为依据来设计，对图纸特殊要求的坡口形式和尺寸，应依据图纸并结合焊接工艺确定。焊接坡口应保持平整，不得有裂纹、分层、夹渣等缺陷。焊前应将坡口表面及两侧的水、氧化物、油污、锈和熔渣等杂质清除干净。具体内容包括：

（1）材料为碳素钢和碳锰钢（标准抗拉强度≤540 MPa）的坡口，可采用冷加工或热加工方法制备。

（2）碳锰钢（标准抗拉强度＞540 MPa）、铬钼低合金钢和高合金钢宜采用冷加工法。若采用热加工方法，对影响焊接质量的表面淬硬层，应用冷加工方法去除。

2）焊接环境

焊接环境只有在满足下列情况时才允许施焊：①气体保护焊时风速≤2 m/s，其他焊接方法风速≤10 m/s；②相对湿度≤90%；③焊件温度高于−10 ℃。

3）预热

对碳钢和低合金钢，当焊件温度低于 0 ℃时，应在始焊处 100 mm 宽度范围内预热至 15 ℃以上。常用钢焊接时的预热温度见表 2-38。

表 2 - 38　常用钢焊接时的预热温度

钢号	20(Q235 - A)				16Mn(Q345)			
厚度/mm	≤30	30～38	38～64	>64	≤30	30～38	38～64	>64
预热温度/℃	≥15	≥50	≥100	≥120	≥15	≥80	≥120	≥150

采取局部预热时,预热的范围为焊缝两侧各不小于焊件厚度的 3 倍,且不小于 100 mm;同种钢号相焊接时,应按预热温度要求较高的钢号选取预热温度;需要预热的焊件,在整个焊接过程中应不低于预热温度。

4) 定位焊

定位焊使用的焊接材料应与施焊时采用的焊接材料牌号相同。定位焊实施时,应在坡口内、引弧板上或待焊区内引弧－6 mm。定位焊缝的长度一般为 30～60 mm,间距不超过 400 mm。冬季施工的低合金钢,其定位焊缝的厚度可增加至 8 mm,长度为 80～100 mm。当定位焊缝作为最终焊缝的一部分时,定位焊缝两端应便于接弧,否则应予修整。

2.7.6.4　焊接过程

1) 施焊的基本要求

(1) 必须按图样、工艺文件和技术标准施焊。焊接作业前应按焊接工艺要求调整好焊接参数。对容易产生变形的焊接件,可以使用工装夹具,并选择合理的焊接顺序;对图纸所规定的重要焊缝,应在焊缝两端设置尺寸合适的引弧板和引出板。在不能使用引弧板和引出板时应注意,不得在引弧处和收弧处产生焊接缺陷。

(2) 工件尽可能采用平焊进行施焊。在焊接过程中,应在每一道焊缝施焊前,去除影响该道焊缝施焊的任何缺陷;例如电弧擦伤处的弧坑须经打磨,以使其均匀过渡到母材表面,当打磨后的母材厚度小于规定值时,则需要进行补焊。

(3) 接弧处应保证焊透和熔合。

(4) 施焊过程中应按工艺文件规定控制层间温度。

(5) 每条焊缝应尽可能一次焊完。焊接中断时,以对冷裂纹敏感的焊件应及时采取后热、缓冷等措施,重新施焊时,仍须按工艺文件规定进行预热。

(6) 焊后应清除熔渣和焊接飞溅,并以目测检查外观质量,必要时可做局部返修。

2) CO_2 气体保护焊和药芯焊丝电弧焊

CO_2 气体保护焊和药芯焊丝电弧焊除了满足施焊的基本要求外,还应符合以下规定:

(1) CO_2 气体保护焊和药芯焊丝电弧焊单道角焊缝允许的最大焊脚尺寸为:平焊、立焊:10 mm;横焊:8 mm;仰焊:7 mm。

(2) CO_2 气体保护焊和药芯焊丝电弧焊坡口焊缝除根部和盖面层外,其余焊层的厚度不大于 6 mm。

3) 角焊缝要求

图纸未做明确规定时,角焊缝焊脚尺寸按较薄板厚度的 0.7 倍选取。

2.7.6.5　焊后处理

1) 焊件的矫形

低合金调质结构钢可采用机械方法进行矫形,当采用局部加热方法矫形时,其加热区温度应控制在 800 ℃以下。

2）后热处理

焊接中断时，对冷裂敏感的焊件应进行后热处理；后热处理应在焊后立即实行，后热处理温度一般为 200～350 ℃，并保温 1 h 以上；对焊后立即进行热处理的焊件可不做后热处理。

2.7.6.6 焊缝检验

1）外观质量检验

外观检验一般采用焊缝检验尺、放大镜等器具，采用目视检验的方法进行。裂纹的检查应辅以 5 倍以上的放大镜并在合适的光照条件下进行，必要时可进行表面探伤。当出现下列情形之一时，应对焊缝进行表面检测，表面检测可采用磁粉或渗透检测的方法，依据 JB 4730 进行：

（1）焊缝外观检查发现裂纹时，应对该批同类焊缝进行 100% 的表面检测。

（2）焊缝外观检查怀疑有裂纹时，应对怀疑的部位进行表面探伤。

（3）钢管塔设计图纸规定进行表面探伤。

（4）法兰与钢管插接式连接的角焊缝，应进行 100% 的表面检测。

（5）对接焊缝余高检验要求见表 2-39。

表 2-39　焊缝余高检验要求

焊缝等级	焊缝表面宽度/mm	余高/mm
一级、二级	<20	0～3.0
一级、二级	≥20	0～4.0
三级	<20	0～3.5
三级	≥20	0～5.0

（6）角焊缝焊脚尺寸 h_f 值由设计或由有关技术文件注明，部分熔透型或角焊缝外形尺寸允许偏差见表 2-40。

表 2-40　角焊缝外形尺寸允许偏差

序号	项目	允许偏差/mm	图　例
1	焊脚尺寸 h_f	$h_f \leqslant 6$ 时:0～1.5 $h_f > 6$ 时:0～3.0	
2	角焊缝余高 C	$h_f \leqslant 6$ 时:0～1.5 $h_f > 6$ 时:0～3.0	

（7）图纸未做规定时，钢管 T 形、K 形和 Y 形节点的角焊缝焊脚尺寸见表 2 - 41。

表 2 - 41　钢圆管 T 形、K 形和 Y 形节点的角焊缝焊脚尺寸

ϕ	最小焊脚尺寸 h_f/mm		
	$E = 0.7t$	$E = t$	$E = 1.07t$
根部<60°	$1.5t$	$1.5t$	取 $1.5t$ 和 $1.4t + Z$ 中较大值
侧边≤100°	t	$1.4t$	$1.5t$
侧边 100°～110°	$1.1t$	$1.6t$	$1.75t$
侧边 110°～120°	$1.2t$	$1.8t$	$2.0t$
趾部>120°	t（切边）	$1.4t$（切边）	开坡口 60°～90°（焊透）

示意图

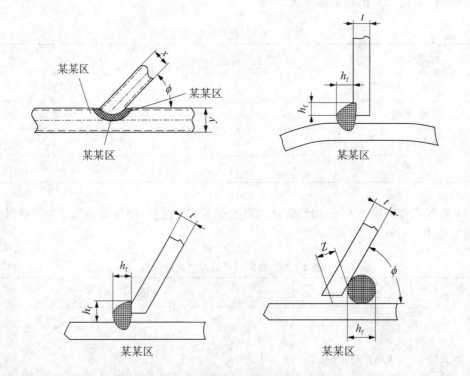

注：1. t 为薄件厚度；E 为角焊缝有效厚度，即焊缝根部至焊缝表面的最小距离；Z 为根部角焊缝未焊透尺寸，Z 由焊接工艺评定。

　　2. 允许的根部间隙为 0～5 mm；当根部间隙大于 1.6 mm 时，应适当增加 h_f 值。

（8）焊缝最大宽度 B_{max} 和最小宽度 B_{min} 的差值，在任意 50 mm 焊缝长度范围内偏差值不大于 4.0 mm，整个焊缝长度范围内偏差值不大于 5.0 mm。焊缝宽度见表 2 - 42。两种坡口对接焊缝宽度如图 2 - 58 所示。

表 2-42 焊缝宽度

焊接方法	焊缝形式	焊缝宽度 B/mm	
		B_{min}	B_{max}
埋弧焊	I 形焊缝	$b+6$	$b+16$
	非 I 形焊缝	$g+4$	$g+14$
焊条电弧焊及气体保护焊	I 形焊缝	$b+4$	$b+8$
	非 I 形焊缝	$g+4$	$g+8$

注:1. 表中 b 为装配间隙,应符合 GB/T 985.1、GB/T 985.2 标准要求的实际装配值;g 为坡口面宽度。
　 2. I 形坡口和非 I 形坡口如图 2-58a、b 所示。

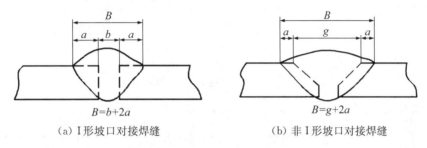

(a) I 形坡口对接焊缝　　　　　(b) 非 I 形坡口对接焊缝

图 2-58　两种坡口对接焊缝宽度

(9) 在任意 300 mm 连续焊缝长度内,焊缝边缘沿焊缝轴向的直线度 f 如图 2-59 所示。焊缝直线度要求见表 2-43。

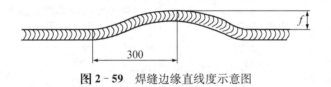

图 2-59　焊缝边缘直线度示意图

表 2-43　焊缝直线度要求

焊缝边缘直线度 f		f 为任意 300 mm 连续焊缝长度内,焊缝边缘沿焊缝轴向的直线度		
		$f \leqslant 2.5$ mm	$f \leqslant 2$ mm	$f \leqslant 1.5$ mm

(10) 在焊缝任意 25 mm 长度范围内,焊缝余高 $C_{max} - C_{min}$ 的允许偏差值不大于 2.0 mm。焊缝表面凹凸度示意图如图 2-60 所示。

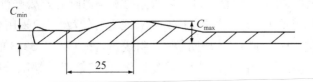

图 2-60　焊缝表面凹凸度示意图

(11) 焊缝外观质量要求见表 2-44。焊缝外观应达到：外形均匀、成型较好，焊道与焊道、焊缝与母材金属间过渡较圆滑，焊渣和飞溅物应清除干净。

表 2-44　焊缝外观质量要求

项目		焊缝等级及相应缺陷限值/mm		
焊缝质量等级		一级	二级	三级
外观缺陷	根部未焊透		不允许	见注 1
	未焊满(指不足设计要求)	不允许	$\leqslant 0.2+0.02t$ 且 $\leqslant 1.0$	$\leqslant 0.2+0.04t$ 且 $\leqslant 2.0$
			每 100 mm 焊缝内缺陷总长小于或等于 25.0	
	根部收缩	不允许	$\leqslant 0.2+0.02t$ 且 $\leqslant 1.0$	$\leqslant 0.2+0.04t$ 且 $\leqslant 2.0$
			长度不限	
	咬边	不允许	$\leqslant 0.05t$ 且 $\leqslant 0.5$；连续长度 $\leqslant 100$，且焊缝两侧咬边总长 $\leqslant 10\%$ 焊缝全长	$\leqslant 0.1t$ 且 $\leqslant 1.0$，长度不限
	裂纹		不允许	
	弧坑裂纹		不允许	
	电弧擦伤		不允许	
	飞溅		清除干净	
	接头不良	不允许	缺口深度 $\leqslant 0.05t$ 且 $\leqslant 0.5$	缺口深度 $\leqslant 0.1t$ 且 $\leqslant 1.0$
			每 1000 mm 焊缝不得超过 1 处	
	焊瘤		不允许	
	表面夹渣		不允许	
	表面气孔		不允许	
	角焊缝厚度不足(按设计焊缝厚度计)		$\leqslant 0.3+0.05t$ 且 $\leqslant 2.0$	
			每 100 mm 焊缝内缺陷总长 $\leqslant 25.0$	

注：1. 当根部未焊透出现下列情况之一时，为不合格：①在焊缝任意 300 mm 连续长度中，其累积长度超过 25 mm；②当焊缝长度小于 300 mm，其累计长度超过焊缝总长的 8%。
2. 除注明角焊缝缺陷外，其余均为对接，角接焊缝通用。
3. 咬边如经磨削修整并平滑过渡，则只按焊缝最小允许厚度值评定。
4. t 为连接处较薄的板厚。

2) 内部质量检验
(1) 焊接接头内部质量检验应在焊接完成 24 h 后进行。
(2) 设计要求全焊透的一、二级焊缝一般采用超声波检测的方法进行内部质量检验，当超声波检测不能满足规范要求，或者设计文件有要求或进行仲裁时，应采用射线检测的方法进行检验。超声波检验按 GB/T 11345 的规定进行，射线检验按 GB/T 3323 的规定进行。
(3) 一、二级焊缝要求进行内部质量检验的比例、评定等级及缺陷分级见表 2-45。要求达到二级焊缝质量要求的角焊缝进行外观质量检验，应满足表 2-44 要求。

表 2‑45　一、二级焊缝质量等级及缺陷分级

焊缝质量等级		一级	二级
内部缺陷 超声波探伤	评定等级	Ⅱ	Ⅲ
	检验等级	B 级	B 级
	探伤比例	100%	20%
内部缺陷 射线探伤	评定等级	Ⅱ	Ⅲ
	检验等级	AB 级	AB 级
	探伤比例	100%	20%

注：探伤比例的计数方法应按以下原则确定：①对工厂制作焊缝，应按每条焊缝计算百分比，且探伤长度应不小于 200 mm，当焊缝长度不足 200 mm 时，应对整条焊缝进行探伤；②对现场安装焊缝，应按同一类型、同一施焊条件的焊缝条数计算百分比，探伤长度应不小于 200 mm，并应不少于 1 条焊缝。

（4）二级焊缝无损检测发现有超标缺陷时，应对该条焊缝进行加倍抽检；若仍不合格，则应对该条焊缝全部进行检验。

参考文献

［1］霍华德 B 卡里，斯科特 C 黑尔策.现代焊接技术［M］.陈茂爱，王新洪，陈俊华，等译.北京：化学工业出版社，2009.
［2］陈祝年.焊接工程师手册［M］.北京：机械工业出版社，2002.
［3］王洪光.实用焊接工艺手册［M］.2 版.北京：化学工业出版社，2014.
［4］刘鸿文.材料力学 I［M］.6 版.北京：高等教育出版社，2017.
［5］溶接学会.溶接技术の基础［M］.［S.l.］：日本産報出版株式会社，1996.

思考与练习

1. 简述焊条电弧焊（SMAW）、熔化极活性气体保护电弧焊（MAG）、熔化极惰性气体保护焊（MIG）、非熔化极惰性气体保护电弧焊（TIG）、埋弧焊（SAW）、激光焊接、电子束焊接、等离子焊接的特点及其应用场合。

2. 简述焊接接头强度设计方法。

3. 简述焊接设计方法。

4. 简述焊接用钢材及热影响区域的材料特性。

5. 简述熔化极活性气体保护电弧焊（MAG）焊接工艺规范。

6. 简述熔化极惰性气体保护焊（MIG）焊接工艺规范。

7. 简述非熔化极惰性气体保护电弧焊（TIG）焊接工艺规范。

8. 以汽车车身焊接为例，详述机器人 MAG 焊接系统的组成及功能。

9. 以汽车车身焊接为例，详述机器人 MIG 焊接系统的组成及功能。

10. 以汽车车身焊接为例，详述机器人 TIG 焊接系统的组成及功能。

第3章

机器人焊接技术

　　机器人焊接是工业机器人典型的应用之一。要设计和应用机器人焊接系统，需要掌握机器人焊接系统的组成，以及每一组成部分的功能。由于每一个机器人焊接工作站采用的焊接原理和工艺规范不同，因而每一个机器人焊接工作站都属于定制型，其中最典型的代表是机器人 TIG 焊接工作站和机器人 CO_2 气体保护焊接工作站。

3.1 机器人焊接系统组成

　　机器人焊接系统包括焊接机器人及外围设备，它们组成一个机器人焊接工作站；具体而言，机器人焊接系统包括焊接机器人、焊枪、焊接电源、送丝机构、保护气体输送装置、焊接变位机、焊接工装夹具、安全防护装置等部分。

3.1.1 焊接电源(焊机)

　　弧焊电源是用来对电弧焊接提供电能的一种专用设备，也是电弧焊接系统中的关键设备。弧焊电源必须具有弧焊工艺所要求的电气性能，如合适的空载电压、一定形状的外特性、良好的动特性和灵活的调节特性等。

　　焊接电源按输出电流种类可分为直流、交流和脉冲三大弧焊电源类型，如图 3-1 所示。

(a) 交流弧焊电源　　　　　(b) 直流弧焊电源　　　　　(c) 脉冲电源

图 3-1　弧焊电源类型

它们的特点和应用见表 3-1。

表 3-1   弧焊电源的分类及其应用

焊接电源类型		特点	适用范围
交流弧焊电源	弧焊变压器	结构简单、易维护、耐用、成本低、磁吹小、空载损耗大、噪声小、电弧稳定性差、功率因数低	酸性焊条电弧焊、埋弧焊和 TIG 焊接
	矩形(方波)弧焊电源	设备复杂、成本高、电流过零点快,电弧稳定性好、可调参数多,功率因数高	焊条电弧焊、埋弧焊和 TIG 焊接
直流弧焊电源	直流弧焊发电机	由发电机驱动获得直流电,输出电流脉动小、过载能力强、空载损耗大、效率低、噪声大	各种弧焊
	弧焊整流器	与直流弧焊发电机相比,空载损耗小、节能、噪声小、控制便捷、适应性强	各种弧焊
脉冲电源		设备复杂,输出幅值和周期可调的电流,效率高,可调参数多,调节范围宽且均匀;热输入可精确控制	TIG 焊接、MIG 焊接、MAG 焊接、等离子焊接

3.1.2 焊枪

焊枪是指焊接过程中执行焊接操作的部分,形状像枪,其前端有喷嘴,喷出高温火焰作为热源。焊枪利用焊机的大电流和高电压产生的电弧热量聚集在焊枪终端,熔化焊丝,熔化的焊丝渗透到需焊接的部位,冷却后,被焊接的物体牢固地连成一体。

根据送丝方式的不同,焊枪可分成拉丝式焊枪和推丝式焊枪两类,如图 3-2 所示。

(a) 拉丝式焊枪   (b) 推送式焊枪

图 3-2   拉丝式焊枪和推送式焊枪

拉丝式焊枪主要特点是送丝速度均匀稳定,活动范围大,但是由于送丝机构和焊丝都装在焊枪上,所以焊枪的结构较为复杂,一般只能使用直径 0.5～0.8 mm 的细焊丝进行焊接。

推丝式焊枪结构简单、操作灵活,但焊丝经过软管时受较大的摩擦阻力,只能采用 $\phi 1$ mm 以上的焊丝进行焊接。推丝式焊枪按形状不同,可分为鹅颈式焊枪和手枪式焊枪两种。

1) 鹅颈式焊枪

鹅颈式焊枪结构如图 3-3 所示。这种焊枪形似鹅颈,应用较为广泛,用于平焊位置时很方便。典型的鹅颈式焊枪主要包括喷嘴、焊丝嘴、分流器、导管电缆等部分。

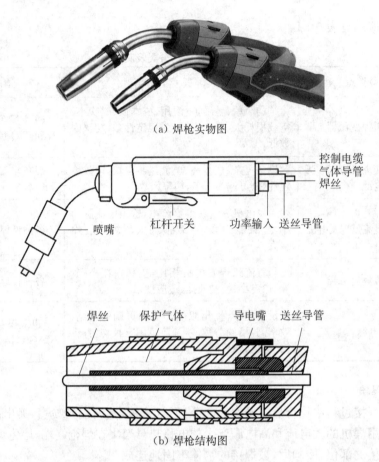

（a）焊枪实物图

控制电缆
气体导管
焊丝

喷嘴　　　　杠杆开关　　功率输入　送丝导管

焊丝　　保护气体　　导电嘴　送丝导管

（b）焊枪结构图

图3-3　鹅颈式焊枪

（1）喷嘴。喷嘴内孔形状和直径的大小将直接影响气体的保护效果，焊接作业要求从喷嘴中喷出的气体为上小下大的尖头圆锥体，均匀地覆盖在熔池表面。喷嘴内孔的直径一般为$\phi16\sim22\,\text{mm}$，不应小于$\phi12\,\text{mm}$。为节约保护气体，便于观察熔池，喷嘴直径不宜太大。常用纯（紫）铜或陶瓷材料制造喷嘴。一般要求在纯铜喷嘴的表面镀上一层铬，以提高其表面硬度和降低粗糙度值。喷嘴以圆柱形为好，也可做成上大下小的圆锥形。

（2）焊丝嘴。又称导电嘴，常用纯铜和铬青铜制造。为保证导电性能良好，减小送丝阻力和保证对中，焊丝嘴的内孔直径必须按焊丝直径选取。孔径太小，送丝阻力大；孔径太大，则送出的焊丝端部摆动太严重，造成焊缝不直，保护效果变差。通常焊丝嘴的孔径比焊丝直径大$0.2\,\text{mm}$左右。

（3）分流器。采用绝缘陶瓷制成，上有均匀分布的小孔。从枪体中喷出的保护气经分流器后，从喷嘴中呈层流状均匀喷出，可改善保护效果。

（4）导管电缆。它的外面为橡胶绝缘管，内有弹簧软管、纯铜导电电缆、保护气管和控制线。常用的标准长度是$3\,\text{m}$；根据需要，可采用$6\,\text{m}$长的导管电缆。导管电缆由弹簧软管、内绝缘套管和控制线组成。

2）手枪式焊枪

手枪式焊枪的结构如图3-4所示，用来焊接除水平面以外的空间缝较为方便。当焊接电流较小时，焊枪采用自然冷却；当焊接电流较大时，采用水冷式焊枪。

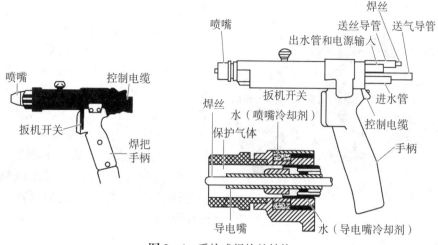

图 3 - 4 手枪式焊枪的结构

水冷式焊枪的冷却水系统由水箱、水泵、冷却水管和水压开关组成：水箱里的冷却水经水泵流经冷却水管，经过水压开关后流入焊枪，然后经冷却水管再回流水箱，形成冷却水循环。

3.1.3 送丝机构

送丝机构是焊接设备中用以输送焊丝的专用装置。自动焊接送丝机构如图 3-5 所示。送丝机构主要包括送丝软管、盘装焊丝、驱动机构等，它是自动焊接设备的重要组成部分。自动送丝机构能够及时接收指令并运行，能够实现智能控制焊接过程中的送丝速度、方向等。

自动焊接设备送丝机构的作用如下：

（1）稳定焊接质量。送丝机构通过送丝软管将焊接材料顺序下放到焊接机构，焊枪在到达正确的焊缝位置后，就可以实现自动化填充，焊缝美观，且质量高；可以根据焊接质量以及焊接工艺，来调整送丝机构的送丝速度以及送丝方向。

图 3 - 5 自动焊接送丝机构

（2）提高工作效率。在控制系统发出指令之后，自动送丝机构会将焊丝送入送丝软管中，焊接材料的自动下放，能够减少系统反应的时间，自动送丝机构实现迅速反应，提高工作效率，从而实现自动化焊接。

（3）实现成本控制。为了实现稳定的送丝过程，用户需要根据工件材质、焊接参数、焊丝类型等选择合适的送丝机构。比较常见的有一体式、分离式、推丝式、拉丝式和推拉丝式送丝机构等。

3.1.4 焊接变位机

焊接变位机是用来拖动待焊工件，调整待焊焊缝至理想位置进行施焊作业的设备。焊接变位机可配用氩弧焊机（填丝或不填丝）、熔化极气体保护焊机（CO_2/MAG/MIG 焊机）、等离子焊机等焊机电源，并可与其他相关设备组成自动焊接系统。

焊接变位机按结构形式可分为伸臂式焊接变位机、座式焊接变位机和双座式焊接变位

图 3-6　伸臂式焊接变位机

机三类。

　　1）伸臂式焊接变位机

　　伸臂式焊接变位机如图 3-6 所示。回转工作台安装在伸臂一端，伸臂一般相对于某倾斜轴成角度回转，倾斜轴的位置一般是固定的，有的也可在小于 100°范围内上下倾斜。该类型变位机变位范围大，作业适应性好，但整体稳定性差。其适用范围为 1t 以下中小工件的翻转变位，一般采用电机驱动；对于结构尺寸大、自重较大的焊件，一般采用液压驱动。

　　2）座式焊接变位机

　　座式焊接变位机工作台有一个可以整体翻转的自由度，它可以将工作台翻转到理想的位置进行焊接。工作台还有一个旋转的自由度，如图 3-7 所示。工作台边同回转机构支撑在两边的倾斜轴上，以焊速回转，倾斜边通过扇形齿轮或液压油缸，一般在 140°的范围内恒速倾斜。这种变位机是目前应用最广泛的结构形式，常与伸臂式焊接变位机配合使用。座式焊接变位机通过工作台的回转或倾斜，使焊缝处于水平或船形位置的装置，旋转采用变频无级调速，工作台通过扇形齿轮或液压油缸驱动实现倾斜运动。

　　座式焊接变位机根据载重不同，可分为大型座式焊接变位机和小型座式焊接变位机，该机稳定性好，一般不用固定在地基上，搬移方便，适用于 0.5～50 t 焊件的翻转变位，常与伸臂式焊接变位机或弧焊机器人配合使用。

　　3）双座式焊接变位机

　　双座式焊接变位机如图 3-8 所示。双座式焊接变位机是集翻转和回转功能于一身的变位机械。翻转和回转分别由两个轴驱动，夹持工件的工作台除能绕自身轴线回转外，还能绕另一根轴做倾斜或翻转，它可以将焊件上各种位置的焊缝调整到水平或"船型"的易焊位置施焊，适用于框架型、箱型、盘型和其他非长型工件的焊接。

图 3-7　座式焊接变位机

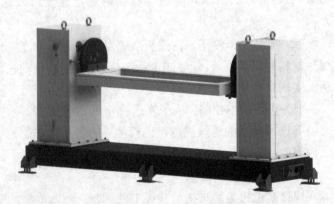

图 3-8　双座式焊接变位机

　　工作台座在"U"形架上，以所需的焊速回转；"U"形架座在两侧的机座上，多以恒焊速或所需焊速绕水平轴线转动。这种变位机整体稳定性好，重型变位机多采用这种结构。其适用范围为 50 t 以上重型大尺寸工件的翻转变位,多与大型门式焊接操作机或伸缩臂式焊接操作机配合使用。

3.1.5　保护气体输送装置

保护气体是指焊接过程中用于保护金属熔滴、熔池及焊缝区的气体,它使高温金属免受外界气体、粉尘和杂质的侵害,包括防止固化中的熔融焊缝发生氧化,防止杂质和空气中的湿气通过改变接缝的几何特性而削弱焊缝的耐腐蚀能力、产生气孔并削弱焊缝的耐久性;保护气体也会使焊枪冷却。

焊接用的保护气体可分为惰性气体和活性气体两大类。惰性气体高温时不分解,且既不与金属起化学作用,又不溶解于液态金属,是单原子气体,常用的惰性气体有 Ar 和 He 两种。活性气体在高温时会分解出与金属起化学反应或溶于液态金属的气体,常用的活性保护气体有 CO_2 及含有 $CO_2 + O_2$ 的混合气体等。图 3-9 列出目前工业上广泛使用气体保护的焊接方法及其所使用的保护气体。惰性气体用于 MIG 焊接(金属惰性气体电弧焊)。活性气体通过稳定电弧和确保材料平稳传送到焊缝来参与焊接过程,当占大部分时,会破坏焊缝,但是少量的活性气体反而能提高焊接质量,用于 MAG 焊接(金属活性气体电弧焊)。

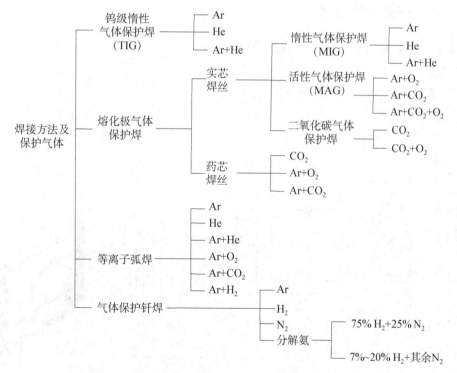

图 3-9　焊接方法及其保护气体类型

导热性和传热性是保护气体的重要属性,并且需要密度比空气大、流速比空气低。高电压能提高气体电离度,从而更容易发生电焊引弧。保护气体可以是一种气体,也可以是两种或三种气体的混合。在激光焊接中,保护气体还能吸收激光能量的重要部分,阻止电焊上层等离子体的形成。

焊接保护气体输送装置包括气瓶、流量调节阀、管路。焊接保护气体输送调节装置如图 3-10 所示。

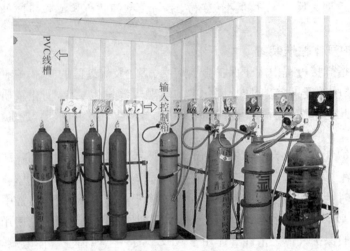

图 3-10　焊接保护气体输送调节装置

3.2　机器人焊接系统实例

3.2.1　机器人 CO_2 气体保护焊接系统

3.2.1.1　焊接作业要求

1）焊接结构图纸

焊接结构图纸如图 3-11 所示。

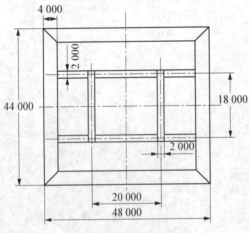

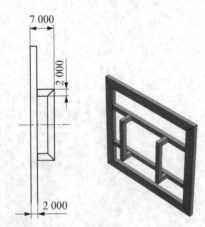

1. 先电焊后由机器人补焊
2. 按图示下料切割焊接
方管 20×40、20×20 的厚度分别为 2、3

技术要求：
1. 由 20×40×2 和 20×20×3 方管焊接制作，各焊缝全部电焊焊接，焊接牢固适合搬运
2. 棱边去倒钝、去毛刺
3. 数量：3 件

图 3-11　焊接结构图纸

2）焊接技术要求

（1）焊接前必须将缺陷彻底清除，坡口面应修得平整圆滑，不得有尖角存在。

（2）根据工件缺陷情况，对焊接区缺陷可采用铲挖、磨削、炭弧气刨、气割或机械加工等方法清除。

（3）焊接区及坡口周围 20 mm 以内的黏砂、油、水和锈等脏物必须彻底清理。

（4）在条件允许的情况下，尽可能让机器人在水平位置施焊。

（5）人工补焊时，焊条不应做过大的横向摆动。

（6）焊接面无烧伤、裂纹和明显的结瘤，焊缝外观美观，无咬肉、加渣、气孔、裂纹和飞溅等缺陷。

3.2.1.2　机器人 CO_2 气体保护焊工作站组成

机器人 CO_2 气体保护焊工作站，可以实现机器人自动焊接碳钢工件等工艺，且具备多种焊接方式，效率远远高于人工焊接。机器人 CO_2 气体保护焊工作站由焊接机器人、焊接电源、焊枪、清枪器、弧焊除尘装置、保护气体输送装置、焊接工装及夹具、安全防护围栏、电气控制系统等设备组成。焊接机器人工作站的组成如图 3-12 所示。

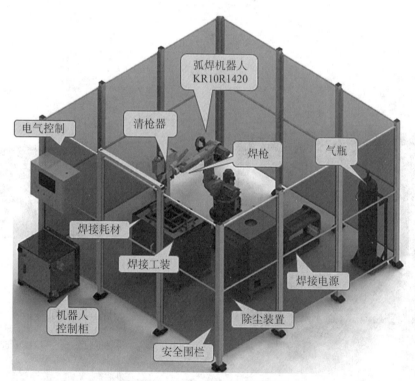

图 3-12　焊接机器人工作站的组成

1）焊接机器人

为了适应不同的用途，机器人最后一个轴的机械接口通常是一个连接法兰，可接装不同工具或称末端执行器。焊接机器人就是在工业机器人的末轴法兰装接焊钳或焊枪，使之能进行焊接作业。

工作站配置 KR10R1420 作为焊接机器人，它由机器人本体（图 3-13）、控制柜、示教器和线缆组成，机器人具有 6 自由度、负载 10 kg、臂展 1420 mm。

控制系统为 KUKA KR C4 控制系统。KUKA KR C4 控制柜如图 3-14 所示。该控制系统可降低集成、保养和维护方面的费用，同时还将持续提高系统的效率和灵活性。

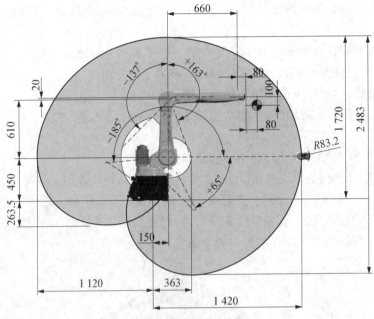

图 3-13　机器人本体(单位:mm)

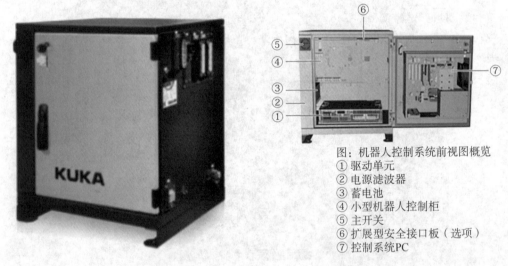

图:机器人控制系统前视图概览
① 驱动单元
② 电源滤波器
③ 蓄电池
④ 小型机器人控制柜
⑤ 主开关
⑥ 扩展型安全接口板（选项）
⑦ 控制系统PC

图 3-14　KUKA KR C4 控制柜

　　示教器用于机器人的编程和控制,具备 6D 鼠标、彩色显示屏、急停按钮、多种坐标系和运行模式等,如图 3-15 所示。

　　除了机器人标准配置外,机器人还须配置专用软件包,可用于机器人和外部设备的连接、控制等,具体包括:

　　(1) Profinet 具有下列功能:提供设备通信协议,实现各设备通信功能,可作为 PLC 等设备通信协议。

　　(2) ArcTech Basic 是一个用于气体保护焊且可以后载入的备选软件包。该软件包具有的主要功能包括:①弧焊应用软件包,专为弧焊提供,在联机行中显示附加参数,将运动指令转

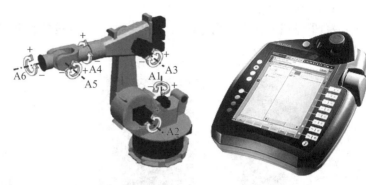

图 3 - 15   示教器

换为焊接指令,将程序传输到其他运动系统;②在 smartHMI 上调用网页,显示电源的故障信息(并非适用于所有电源);③导出和导入焊接数据组,简单示教,提升编程效率和质量。

2) 焊接电源

焊接电源采用麦格米特的 CM350 智能电焊机,该焊机附带专用送丝机构;CM350 智能电焊机适用于二氧化碳保护焊接和碳钢焊接,广泛应用于铁路运输、造船、汽车制造、钢铁制造、集装箱、金属加工、金属家具等行业。焊接电源、送丝机、焊接介质实物如图 3 - 16 所示。

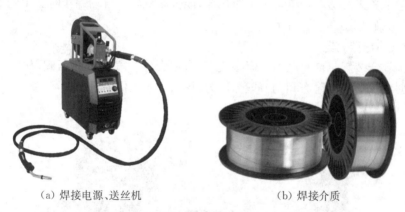

(a) 焊接电源、送丝机   (b) 焊接介质

图 3 - 16   焊接电源、送丝机、焊接介质实物图

3) 焊枪

焊枪采用机器人外置防碰撞焊枪,它配置 1.0 mm 导电嘴,如图 3 - 17 所示。防碰撞装置使用电子感应开关,及时反馈撞击信息,保护机器人的关键性零部件,且焊枪电缆高使用率耐扭转±240°,使用寿命 70 万次。

图 3 - 17   防碰撞焊枪、导电嘴

4）清枪器

清枪器是机器人自动化焊接的专用设备，用于焊枪的自动清抢、剪丝和喷油，可提高焊接质量，如图 3-18 所示。

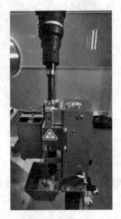

图 3-18　清枪器　　　　　　　　　　　　　　图 3-19　弧焊除尘装置

5）弧焊除尘装置

弧焊除尘装置采用移动式单臂烟尘净化器，能吸取机器人自动焊接时产生的烟气，保护环境，降低空气污染，如图 3-19 所示。

6）保护气体输送装置

保护气体输送装置包括专用工业焊接气瓶（含混合保护气体）、减压阀，如图 3-20 所示，它用于焊接时的保护气体输送和调节气体压力，提高焊接工件质量。

图 3-20　气瓶、减压阀

7）焊接工装及夹具

采用多功能焊接柔性工装，工装表面配备了一个通用柔性夹具平台，如图 3-21 所示。它配合锁紧销、压紧器、V 形块、定位尺和压板等工具，可实现水平板对接、管对接和垂直板对接等工件夹紧。

8）安全防护围栏

机器人外围安全防护围栏如图 3-22 所示。它用于机器人自动焊接时保护人员进入，围栏整体框架使用 60 mm×60 mm 规格钢制立柱，内框使用 4 mm 厚的防弧 PC 板，可保护眼部安全。围栏框架和门上装有安全开关，机器人自动运行时开门可急停机器人运行，保护人员安全。

图 3 - 21 焊接工装及夹具

图 3 - 22 弧焊安全防护围栏

9）电气控制系统

弧焊电气控制系统用于自动化焊接时的控制和保护人员安全，如图 3 - 23 所示。该系统中，PLC 选用西门子 1200 系列模块，工作站具备自动化控制和安全监控，具有启动、复位、急停等功能。

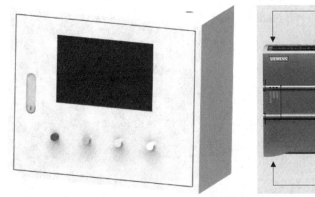
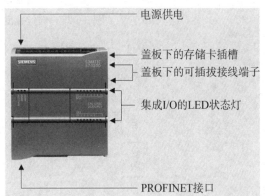
图 3 - 23 电气控制系统

3.2.1.3 焊接工艺

采用二氧化碳保护焊，也可以采用 CO_2＋Ar 的混合气体作为保护气体。

1）焊接工件

焊接工作站能够完成 3 种类型以上的碳钢焊接工件，如平板对接接头、T 形角对接接头、管对接接头等，焊接工件类型如图 3 - 24 所示。

图 3 - 24 焊接工件类型

2）焊接工艺参数

合适的焊接参数，可提高焊接质量和美观度，常用的焊接参数有焊接电流、焊接电压、焊接速度、送丝速度等。需要根据焊接技术要求，确定焊条直径、涂料类型、焊接电流、被焊接物的热容量，并依据图 3-25、图 3-26 确定适宜的焊接速度和送丝速度。

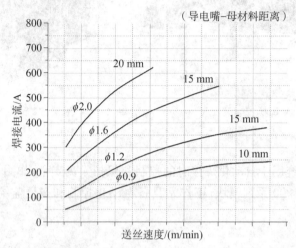

图 3-25 送丝速度和焊接电流的关系

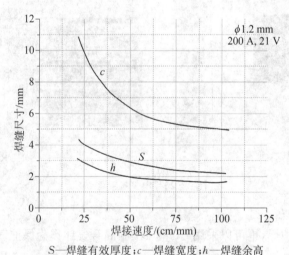

S—焊缝有效厚度；c—焊缝宽度；h—焊缝余高

图 3-26 焊接速度和材料尺寸的关系

电弧的长度与焊条涂料种类和药皮厚度有关，但都应尽可能采取短弧。电弧长可能造成气孔。短弧可避免大气中的 O_2、N_2 等有害气体侵入焊缝金属，形成氧化物等不良杂质而影响焊缝质量。

焊丝的选择，要根据被焊钢材种类、焊接部件的质量要求、焊接施工条件（如板厚、坡口形状、焊接位置、焊接条件、焊后热处理及焊接操作等）、成本等综合考虑。

3）焊接工艺流程

（1）焊前准备。检查焊接工作站各设备健康情况，机器人、焊接电源、除尘等设备有无报警或异常状况，焊接站附件是否有易燃易爆物品，电缆线连接是否可靠，焊接电源要有良好的绝缘性能。

在机器人进行自动焊接前,操作人员需要应用机器人离线编程软件模拟焊接作业过程;此外,还必须示教机器人焊枪的轨迹和设定焊接参数等。操作人员进行示教时输入焊接程序,调整焊枪姿态、角度,调整焊接电源的电流、电压、速度等焊接条件,示教操作人员需要充分掌握焊接知识和焊接技能。

(2) 焊接过程。焊接过程中会产生烟气,注意除烟气设备的使用和空间的通风,或者采用低尘、低毒焊条等措施来降低烟尘浓度和毒性。

焊接机器人是一种高速的运动设备,在进行自动运行时,绝对不允许人靠近机器人,操作人员必须接受安全方面的专门培训,否则不准操作。同时为避免弧光对人体的辐射,不得在近处直接用眼睛观看弧光或避开防弧板观看。

机器人焊接轨迹精度为±0.1 mm,以此精度重复相同的动作。当焊接偏差大于焊丝半径时,有可能降低焊接质量,因此注意抽查焊接件的焊接质量。

(3) 焊后处理。

① 检查焊缝平滑状况,不能出现堆起凸包、不均匀的现象,不合格半成品不能进入打磨工序。

② 工件焊缝用砂布打磨一遍,不得存在焊渣、焊点、毛刺等,焊缝应光滑、平整。

③ 工件喷漆时,保证漆膜均匀无流挂,无漏喷现象。

④ 喷漆转运过程中,防止划伤大平面,防止工件存放变形,如有划伤则须重新喷漆处理。

(4) 焊接施工管理。

① 焊接工艺评定试验。用于测定焊件具有要求的使用性能。常用的焊接工艺评定标准包括《承压设备焊接工艺评定》(NB/T 47014—2011)、《现场设备、工业管道焊接工程施工规范》(GB 50236—2011)、《锅炉安全技术监察规程》(TSG G11—2020)、《石油天然气金属管道焊接工艺评定》(SYT 0452—2021)、《钢结构焊接规范》(GB 50661—2011)(注:公路桥梁工艺评定可参照执行)、《钢质管道焊接及验收》(GB/T 31032—2014)、《钢制压力容器焊接工艺评定》(JB 4708—2000)。可以根据焊件的具体用途和工作环境,选择相应的工艺评定标准。

② 人员管理。操作人员具备独立使用设备能力,接受过岗前培训。对于焊接质量连续不佳的操作人员(焊接一次合格率≤85%),暂停该操作人员作业资格。

③ 焊材的选用。严格按照有关焊接材料管理专项规定,进行焊材管理,对于焊材选择,由焊接技术人员编制相应采购文件。

④ 焊材验收。焊材应符合相应标准要求,焊材质量证明书中应包括:焊材型号、牌号、规格;批号、数量及生产日期;熔敷金属化学成分检验结果;熔敷金属对接接头各项性能检验结果;制造厂名、地址;制造厂技术检验部门与检验人员签章。

⑤ 焊材存放。施工用焊接材料,必须采购正规生产厂家生产的焊接材料。保管员在进入现场前必须接受材料责任师、焊接责任师的培训考核,应熟知焊接材料入库、保管、发放和回收等一系列管理程序,并熟知本工程中使用的各种焊接材料的一般性能和要求。

⑥ 结构组成件的验收及保管。结构组成件(法兰、加强筋、槽钢和钢管等)必须具有制造厂的质量证明书,其质量不得低于国家现行标准的规定。

根据总平面布置,现场设置材料库,库内材料应标记清晰,并按材质、规格、型号分别放置整齐。材质为不锈钢的组成件应与碳钢、合金钢严格隔绝。

3.2.2 机器人 TIG 焊接系统

机器人 TIG 焊接工作站的焊接材料范围广,包括厚度在 0.2 mm 及其以上的工件,材质包括合金钢、铝、镁、铜及碳钢等,在汽车部件等碳钢或不锈钢及铝制品的自熔,或者填丝焊接应用。

3.2.2.1　焊接作业要求

1) 焊接结构图纸

316 不锈钢管件焊接的结构图如图 3-27 所示,拟采用焊接方法完成该零件制造。

2) 焊接技术要求

(1) 焊接部位保持平整圆滑,不得有尖角存在。

(2) 焊接区周围 20 mm 以内的黏砂、油、水和锈等脏物必须彻底清理。

(3) 焊接面无烧伤、裂纹和明显的结瘤。

(4) 焊缝美观,无加渣、气孔、裂纹和飞溅等缺陷。

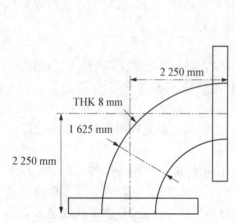

图 3-27　316 不锈钢管件焊接的结构图

图 3-28　机器人焊接工作站布局

3.2.2.2　机器人 TIG 焊接工作站组成

机器人 TIG 焊接工作站主要由焊接机器人、焊接电源、焊枪、清枪器、保护气体、焊接工装及夹具、焊接围栏、电气控制系统等设备组成。机器人焊接工作站布局如图 3-28 所示。

1) 焊接机器人

工作站配置库卡 KR5 R1400 作为焊接机器人,如图 3-29 所示,它由机器人本体、控制

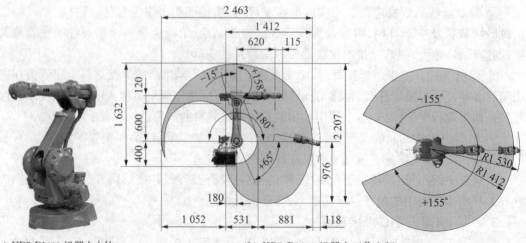

(a) KR5 R1400 机器人本体　　　　　　　(b) KR5 R1400 机器人工作空间

图 3-29　工作站配置库卡 KR5 R1400 作为焊接机器人(单位:mm)

柜、示教器和线缆组成,机器人具有 6 自由度,额定负载 5 kg;重复定位精度:±0.04 mm;本体重量:127 kg;臂展 14 120 mm。

　　如图 3-30 所示,该控制系统采用 KUKA KR C4 extended 控制柜,以降低集成、保养和维护方面的费用,同时还将持续提高系统的效率和灵活性。

图 3-30　KUKA KR C4 extended 控制柜

　　示教器用于机器人的编程和控制,具备 6D 鼠标、彩色显示屏、急停按钮、多种坐标系和运行模式等,如图 3-31 所示。

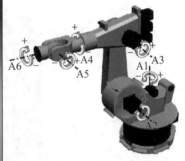

图 3-31　示教器

　　除了机器人标准配置外,机器人还须配置专用软件包 Profinet,可用于机器人和外部设备的连接、控制等;也配置了专用焊接软件包 ArcTech Basic。

　　2) 焊接电源

　　采用 TransTig 4000 Job G/F 焊接电源,如图 3-32 所示,它适用于铝及铝合金、不锈钢的焊接,可实现全部数字化。该电源中的数字信号处理器 DSP 负责各传感器信号的处理及脉宽输出,大液晶面板上的 ARM 负责人机界面操作、显示和对外通信。

　　配置数字化送丝机,内置 CPU 专门负责送丝速度的处理,准确并及时响应 DSP 的指令。

图 3-32　焊接电源

3）焊枪

防碰撞焊枪如图 3-33 所示，该焊枪使用纯钨电极，钨棒电极只起导电作用不熔化，通电后在钨极和工件间产生电弧，并附带防碰撞装置，当机器人在焊接过程中出现碰撞时能停止工作，以避免意外碰撞引起焊接位置偏移。

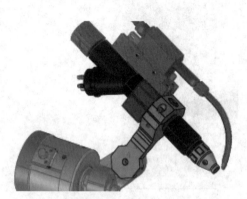

图 3-33　防碰撞焊枪

图 3-34　清枪器

4）清枪器

清枪器如图 3-34 所示，它是机器人自动化焊接的专用设备，用于焊枪的自动清枪、剪丝和喷油，可提高焊接质量。

图 3-35　气瓶、减压阀

5）保护气体

保护气体主要为氩气。由于氩气的保护，可隔离空气对熔化金属的有害作用，提高工件表面焊接质量。气瓶、减压阀如图 3-35 所示，保护气体放置在气瓶中，气瓶上安置有减压阀，用于调节气体压力。

6）焊接工装及夹具

本作业中，采用单轴变位机实现焊接工件的位置和姿态调整，如图 3-36 所示。单轴变位机可与机器人实现 7 轴联动运行，使焊接工作站焊接动作更加柔性。变位机为 Q235 金属壳体，动力元件采用库卡电机驱动套件，附带定位工装，包括压紧器、快夹、锁紧销、V 形定位件等。

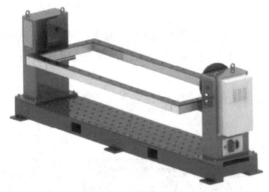

图 3-36　单轴变位机

图 3-37　焊接围栏

7) 焊接围栏

机器人外围安全防护围栏如图 3-37 所示,它用于机器人自动焊接时保护人员进入,可保护眼部安全。围栏框架和门上装有安全开关,机器人自动运行时开门可急停机器人运行,保护人员安全。

8) 电气控制系统

焊接电气控制系统如图 3-38 所示,它用于自动化焊接时的控制和保护人员安全。本控制系统采用西门子 1200 系列 PLC 模块,实现焊接过程的自动化控制和安全监控,并具有启动、复位、急停等功能。

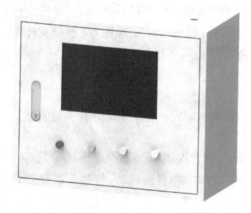
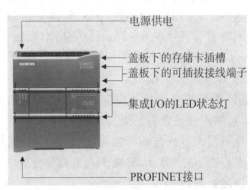

图 3-38　电气控制系统

3.2.2.3　焊接工艺

1) 焊接工件

本工作站可自动焊接 0.5～4.0 mm 厚的不锈钢管件,如图 3-39 所示。TIG 焊接的气密性较好,能降低压力容器焊接时焊缝的气孔。

2) 焊接工艺参数

为了确保钨极氩弧焊的质量,必须对焊件与焊丝表面进行清理,去除金属表面的氧化膜、油污

图 3-39　焊接不锈钢管件

等杂质,否则在焊接过程中将会影响电弧的稳定性,产生气孔和未熔合等缺陷。焊接主要工艺参数如下:

(1)钨极直径。主要根据焊件厚度选取。此外,在同等焊接条件下,选用不同的电流种类和极性,钨极电流许用值不同,采用的钨极直径也不同。若钨极直径选择不当,则将造成电弧不稳、钨极烧损和焊缝夹钨现象。

(2)焊接电流。当钨极直径选定后,再选择合适的焊接电流。各种直径的钨极电流许用值见表3-2。

表3-2　焊接电流许用值

板厚/mm	焊接层数	钨极直径/mm	焊丝直径/mm	焊接电流/A	氩气流量/(L/min)	喷嘴孔径/mm	送丝速度/(cm/min)
1	1	0.5～1.0	1.6	110～130	5～6	8～10	—
2	1	1.2	1.6～2.0	130～160	12～24	8～10	108～117
3	1～2	1.6	2.4	160～220	14～18	10～14	108～117
4	1～2	2.0	2.0～3.0	220～260	14～18	10～14	117～125

(3)氩气流量。主要根据钨极直径和喷嘴直径来选取,通常在3～20 L/min范围内。

(4)焊接速度。氩气保护层是柔性的,当遇到侧向风力或焊接速度过快时,则氩气气流会产生弯曲而偏离熔池,影响气体保护效果,而且焊接速度会影响焊缝成形,因此应根据焊接技术手册选择合适的焊接速度。

(5)工艺因素。虽然喷嘴形状与直径、喷嘴至焊件的距离、钨极伸出长度、填充焊丝直径等。这些工艺因素变化不大,但对气体保护效果和焊接过程有一定影响,应根据具体情况选择。通常喷嘴直径在5～20 mm内选用,喷嘴至焊件的距离不超过15 mm,钨极伸出喷嘴长度为3～4 mm,填充焊丝直径根据焊件厚度选择。

3)焊接工艺流程

(1)焊前准备。检查焊接站各设备健康情况,机器人、焊接主机等设备有无报警或异常状况,焊接站附件是否有易燃易爆物品。

在机器人进行自动焊接前,操作人员必须示教机器人焊接轨迹和设定焊接参数等。调整机器人姿态、角度等,示教操作人员需要充分掌握焊接知识和焊接技巧,焊接前工件要进行表面清洁度处理,确保焊接质量。

(2)焊接过程。焊接过程中会产生烟气,注意除烟气设备的使用和空间的通风,绝对不允许人靠近焊接机器人,操作人员必须接受安全方面的专门培训,否则不准操作,同时为避免激光对人体的辐射,不得在近处直接用眼睛观看弧光或避开防弧板观看。

(3)焊后处理。检查焊缝平滑状况,不能出现堆起凸包、不均匀的现象,合格半成品进入打磨工序。工件焊缝用砂布打磨一遍,不得存在焊渣、焊点、毛刺等,焊缝应光滑、平整。

(4)焊接施工管理。

①技术管理。严格按照国家和行业标准执行技术工作,新工艺确定后进行质量评定试验,用于测定焊件具有符合要求的使用性能。

②进度管理。严格按照计划进度施工,实际进度和计划进度有差异时,及时找出问题、解决问题,必要时采取适当加班弥补进度偏差。

③ 质量管理。严格检查工件成品和半成品质量,把符合产品技术要求的半成品或原材料交到焊接部门,技术部和质量部定期共同抽查成品质量情况,只有经检测合格的产品才可入库。

④ 生产与安全。严格遵守生产和安全管理制度,落实安全生产责任人,定期检查设备、人员等安全问题,杜绝安全隐患。

⑤ 设备包装。雨天、雪天不在外面包装,不在潮湿及杂乱堆放的地方包装,在外围利用气泡膜进行缠绕包装,设备外包装符合运输、多次拆卸要求,确保产品完整、无损、安全运达目的地。

3.2.3 机器人点焊系统

3.2.3.1 焊接作业要求

1) 焊接图纸

某一零件拟采用点焊连接,其图纸如图 3 - 40 所示。

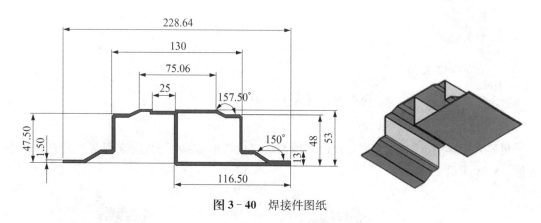

图 3 - 40　焊接件图纸

2) 焊接技术要求

图 3 - 40 所示焊接件,其焊接技术要求如下:

(1) 焊点应该完全润湿焊,不能出现缺陷、孔洞或者未焊接的现象。

(2) 焊接温度要控制在合适的范围内,以保证焊点质量。

(3) 焊接时间要足够长,以保证焊点充分熔化和连接。

(4) 避免焊接过度或不足,以保证焊点的可靠性和电气性能。

3.2.3.2 机器人点焊工作站组成

本机器人点焊工作站包括焊接机器人(含本体、控制柜、示教器)、伺服/气动点焊钳、焊接电源、焊接作业控制器、电极修磨器、冷却系统、焊接工装及夹具、焊接围栏等部分,如图 3 - 41 所示。

1) 焊接机器人

工作站配置库卡 KR210R2700 作为焊接机器人,它由机器人本体(图 3 - 42a)、控制柜、示教器等组成;该机器人具有 6 个自由度,额定负载 210 kg,其工作空间如图 3 - 42b 所示。

图 3 - 41　机器人点焊工作站

KR210R2700 机器人采用 KUKA KR C4 控制系统，如图 3-14 所示。

机器人配置了示教器，用于机器人的编程和控制，具备 6D 鼠标、彩色显示屏、急停按钮、多种坐标系和运行模式等，如图 3-15 所示。

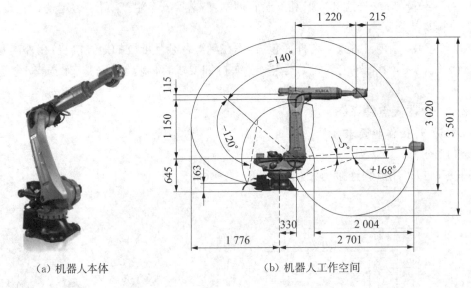

（a）机器人本体　　　　（b）机器人工作空间

图 3-42 焊接机器人库卡 KR210R2700

2）点焊钳

机器人焊接用点焊钳，它通过控制器控制焊接电源和焊接压力，实现焊接过程自动控制，如图 3-43 所示。

图 3-43 点焊钳及控制器　　　　**图 3-44** 电极修磨器

3）电极修磨器

在点焊生产时，电极上通过的电流密度较大，加之作用在电极上的压力也较大，电极极易失去其原有形状，影响焊接过程及焊接质量。由于电极导电面的氧化造成导电能力下降，点焊时通电电流值就不能得到很好的保证。为了消除这些不利因素对焊接质量的影响，采用电极修磨器定期对电极进行修磨，如图 3-44 所示。

4）冷水机

冷却系统（冷水机）如图 3-45 所示。冷水机的主要作用是为焊机的焊枪冷却降温，通过冷水机冷却循环水,以保证点焊钳得到有效冷却,从而提升焊接质量。

图 3 - 45 冷水机

图 3 - 46 水气单元

图 3 - 47 焊接工装夹具台

5) 水气单元

在焊装自动化生产线上,点焊机器人在进行作业时,一般都需要水、气的供给。水气单元也是机器人点焊工作站的组成单元,如图 3 - 46 所示。

6) 安全围栏

机器人外围安全防护围栏,用于机器人自动焊接时人员保护,并具备机械和电气防护。围栏内框使用 4 mm 厚 PC 板,可保护人员眼部安全,如图 3 - 22 所示。

7) 焊接工装台

焊接工装夹具台如图 3 - 47 所示。台面配备多功能手动柔性平台工装,工作台整体框架材质为碳钢,尺寸为 1 000 mm×700 mm×700 mm,用于放置工件及工装夹具,配置专用固定工装,可实现工件的夹紧,整体与地面通过机械栓连接固定。

8) 电气控制系统

机器人焊接工作站的电气控制系统如图 3 - 48 所示,它主要包括西门子 1200PLC 和 7 英寸触摸屏、电源模块、断路器、交换机、继电器和单开门封闭电控柜等,电柜表面喷漆处理,还附带端子板、端子、线缆等。电气控制系统用于工作站的自动化控制和安全监控,具有人机界面,可以设置和显示焊接系统的电气参数;触摸屏控制面板上设有急停、启动等按钮。

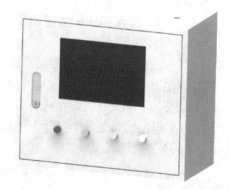
图 3 - 48 电气控制系统

3.2.3.3 点焊工艺

1) 点焊过程

点焊过程包括预压、焊接、维持和休止四个部分。

(1) 预压。指电极开始向工件加压到通电开始这段时间。

(2) 焊接。指在点焊过程中电极通过的时间,是焊接过程中的重要环节。

(3) 维持。指从断电开始到电极抬起这段时间,即在压力的作用下,使金属结晶,形成焊核。

(4) 休止。指电极从工件抬起到下一个循环加压开始这段时间。

2) 点焊工艺参数

点焊工艺参数主要包括焊接电流、电极压力、焊接时间,根据焊接工艺规范确定。

3) 点焊工艺流程

（1）准备工作。在进行点焊之前,需要进行一系列准备工作。首先,需要确定焊接的零部件和焊点位置。然后,根据焊接材料的要求,选择合适的焊接电极和焊接参数。同时,还需要检查焊接设备和工具的状态,确保其正常工作。

（2）表面处理。在进行焊接之前,需要对焊接零部件的表面进行处理,以消除表面的氧化物、油脂和杂质,确保焊接质量。常用的表面处理方法包括机械清洁、化学清洗和喷砂处理。

（3）定位夹紧。在进行点焊之前,需要将待焊接的零部件进行定位和夹紧,以确保焊接位置的准确性和稳定性。通常会使用专用的夹具和定位工具来实现。

（4）焊接操作。在焊接过程中,需要将焊接电极与待焊接的金属表面接触,然后通过电流加热,使金属表面熔化并形成焊点。焊接电流的大小和时间,可以根据焊接材料和要求进行调整。

（5）检测和修整。焊接完成后,需要进行焊缝的检测和修整。检测可以采用目测、触摸或仪器检测等方法,以确保焊接质量符合要求。如果发现焊接质量不合格,需要及时进行修整,直到达到要求。

（6）清理和保养。焊接作业完成后,需要对焊接设备和工具进行清理和保养。清理可以采用机械清洁、化学清洗和喷砂处理等方法,以去除焊接过程中产生的残留物。保养方法包括润滑、更换磨损件和检查设备状态等,以确保焊接设备的正常运行。

3.3 焊接作业安全防护

焊接作业要产生电弧,需要预防触电、短路和强电磁辐射;焊接过程中温度高达6 000 ℃以上,并产生电弧弧光,需要预防高温和电弧灼伤;也要预防焊渣飞溅产生的伤害;在喷漆、油漆车间或易燃易爆场所进行焊接作业时,挥发的易燃易爆气体遇到电焊火花容易引起爆燃起火;因此,焊接作业需要按照国家相关的作业安全规范,做好安全防护。

3.3.1 焊接作业的危害

1) 焊接烟尘

焊接过程中,烟尘是由金属及非金属在过热条件下产生的蒸气,经氧化和冷凝而形成的。焊接烟尘的化学成分取决于焊接材料(焊丝、焊条、焊剂等)成分和被焊接材料成分,以及其蒸发的难易。不同成分的焊接材料和被焊接材料,在焊接时将产生不同的焊接烟尘。焊接烟尘粒子小,呈碎片状;烟尘的黏性大、温度较高,烟尘量较大。

2) 有害气体

焊接过程中,有害气体是焊接高温电弧下产生的,主要有臭氧、氮氧化物、一氧化碳、氟化物及氯化物等。

3) 噪声

焊接作业中的噪声主要是指等离子喷涂与切割过程中产生的空气动力噪声。噪声大小取决于不同的气体流量、气体性质、场地情况及焊接喷嘴的口径。这类噪声大多数都在100 dB以上。

4) 光辐射

在各种焊接工艺中,特别是各种明弧焊、保护不好的隐弧焊及处于造渣阶段的电渣焊,都要产生电弧,形成光辐射。光辐射的强度取决于焊接工艺参数、焊接方法、距施焊点的距离和相对位置及防护方法。

5）高频电磁辐射

高频电磁辐射是伴随着氩弧焊接和等离子焊接的扩大应用产生的。当氩弧焊接和等离子焊接采用高频振荡器引弧时，振荡器会产生强烈的高频振荡，击穿钍钨极与喷嘴之间的空气间隙，引燃等离子弧。此外，也有一部分能量以电磁波的形式向空间辐射，形成高频电磁场，对局部环境造成污染。高频电磁辐射强度取决于高频设备的输出功率、高频设备的工作频率、高频振荡器的距离、设备及传输线路有无屏蔽。

3.3.2 焊接作业安全防范措施

为了保障焊接作业安全，需要对焊接烟尘和有害气体、噪声、高频电磁辐射和光辐射等进行控制，也需要实现防触电控制以及防爆控制等。

为确保焊接作业安全、顺利地进行，保证人员及设备设施安全，做到焊接规范化、科学化，根据项目施工特点，制定相应的安全控制措施。

1）焊接作业主要危险因素

焊接作业的危害因素包括触电、电弧辐射、焊接烟尘、有害气体、放射性物质、噪声、高频电磁场、燃烧和爆炸等。

2）焊机的安全使用要求

焊机安装、连接完毕后，必须按以下顺序进行操作：

（1）检查所有连线是否正确、可靠。

（2）检查电源线、焊接电缆的绝缘是否完好；如有破损，必须用绝缘带包扎完好或更换绝缘良好的导线。

（3）检查工件上需要焊接处，是否有严重腐蚀、大量油漆或其他影响焊接质量的附着物；如果有，就应尽量清除干净，以免影响焊接质量。

（4）打开配电箱（板）上的电源开关。

（5）转动电流调节手轮（柄），根据焊接规范要求，把前板上电流指示指针调到相应的位置（这时的电流指示值仅供参考）。

（6）与工件材料相同的试件上试焊时，根据试焊情况和焊接规范需要，把焊接电流调到最佳值。

（7）实施焊接作业。

（8）焊接作业完毕（或须暂停焊接离开现场），必须切断电源。

（9）因故中断作业后重新恢复作业时，应先检查电源和焊接电缆，确认接线正确和绝缘完好后才能恢复作业。

3）焊接工具的安全要求

（1）焊钳和焊枪。它们是弧焊、气电焊及等离子弧焊的主要工具，须符合下列要求：

① 结构轻便，易于操作：手弧焊钳的质量不应超过 600 g，其他一般不超过 700 g。

② 焊钳和焊枪与电缆的连接必须简便可靠，接触良好，否则长时间的大电流通过连接处易发生高热。连接处不得外露，应有屏护装置或将电缆的部分长度深入握柄内部，以防触电。

③ 具有良好的绝缘性能和隔热能力：由于电阻热往往使焊把发热烫手，因此手柄要有良好的绝热层。气体保护焊的焊枪头应用隔热材料包覆保护。焊钳由夹焊条处至握柄连接处间隔为 150 mm。

④ 具有良好的密封性：等离子焊枪应保证水冷系统密封，不漏气、不漏水。

⑤ 操作简便：手弧焊钳应保证在任何斜度下都能夹紧焊条，而且更换焊条方便。可使焊工不必接触带电部分即可迅速更换焊条。

（2）焊接电缆。它是焊机连接焊件、工作台、焊钳或焊枪等的绝缘导线，要求具备良好的导电能力和绝缘外皮，具备轻便柔软、耐油、耐热、耐腐蚀和抗机械损伤能力强等性能。操作中人体与焊接电缆接触的机会较多，因此使用时应注意下列安全要求：

① 电缆长度适中：焊机电源与插座连接的电源线电压较高，触电危险性大，所以其长度越短越好，安全规则规定不得超过 3 m。如确需较长电缆时，应架空布设，严禁将电源线拖在工作现场地面上。

焊机与焊件和焊钳（或焊枪）连接的电缆长度，应根据工作时的具体情况而定。太长会增加电压降，太短不便操作，一般以 20～30 m 为宜。

② 截面积适当：电缆截面积应根据焊接电流的大小和所需电缆长度进行选用，以保证电缆不致过热损坏绝缘外皮。应当说明，焊接电缆的过度超载是损坏的主要原因之一。

③ 减少接头：为避免和减少接触电阻的热量，焊接电缆最好用整根，电缆中间不要有接头。如须用短线接长时，接头不应超过两个。接头应用铜夹子做成，连接必须坚固可靠并保证绝缘良好。

④ 严禁利用厂房的金属结构、管道、轨道或其他金属物体搭接起来作为电缆使用，也不能随便用其他不符合要求的电缆替换使用。

⑤ 不得将焊接电缆放置于电弧附近或炽热的焊缝金属旁，以免高温烫坏绝缘材料。

⑥ 横穿马路和通道时应加遮盖，避免碾压磨损等。

⑦ 焊接电缆应具有较好的抗机械性损伤能力、耐油、耐热和耐腐蚀性能等，以适应焊工工作的特点。

⑧ 焊接电缆还应具有良好的导电能力和绝缘外层。

4）焊接触电的防护措施

焊接作业应按照以下安全用电规程操作：

（1）焊接工作前，应先检查焊机、设备和工具是否完全。如焊机外壳接地、焊机各接线点接触是否良好、焊接电缆的绝缘有无损坏等。

（2）改变焊机接头。更换焊件需要改接二次回路、转移工作地点、更换熔丝及焊机发生故障须检修时，必须先切断电源。推拉闸刀开关时，必须戴绝缘手套，同时头部偏斜，以防电弧火花灼伤脸部。

（3）更换焊丝或焊枪时，必须使用焊工手套。要求焊工手套保持干燥、绝缘可靠。对于空载电压、焊接电压较高的焊接操作和潮湿环境操作时，焊工应用绝缘橡胶衬垫确保与焊接件绝缘。特别是在夏天由于身体出汗后衣服潮湿，不得靠在焊件、工作台上，以防止触电。

（4）在金属容器内或狭小工作场地焊接金属结构时，必须采取专门防护措施。

（5）在光线不足的较暗环境工作时，使用电压不超过 36 V 的照明灯。在潮湿、金属容器等危险环境下，照明灯电压不得超过 12 V。

（6）加强作业人员的个人防护。个人防护用具包括完好的工作服、焊工用绝缘手套、绝缘套鞋及绝缘垫板等。

（7）焊接设备的安装、检查和修理，必须由电工来完成。设备在使用中发生故障时，作业人员应立即切断电源，并通知维修部门检修。

（8）遇有人触电时，应迅速切断电源，不得空手去拉触电人。

5）焊接高处作业防护措施

（1）在高处作业时，作业人员首先要系上带弹簧钩的安全带，并把自身系在构架上。为了保护下面的人不致被落下的熔融金属滴和熔渣烧伤，或者被偶然掉下来的金属物等砸伤，要在工作处的下方搭设平台，平台上应铺盖铁皮或石棉板。高出地面 1.5 m 以上的脚手架和吊空平台的铺板须用不低于 1 m 高的栅栏围住。

（2）上层施工时，下面必须装上护栅，以防火花、工具、零件及焊条等落下伤人。在施焊现场 5 m 范围内的刨花、麻絮及其他可燃材料必须清除干净。

（3）焊接用的工作平台，应保证焊工能灵活方便地焊接各种空间位置的焊缝。安装焊接设备时，其安装地点应使焊接设备发挥作用的半径越大越好。使用灵活的电焊机在高处进行焊条电弧焊时，必须采用外套胶皮管的电源线；活动式电焊机要放置平稳，并有完好的接地装置。

（4）在高处焊接作业时，不得使用高频引弧器，以防万一触电、失足坠落。高处作业时应有监护人，密切注意焊工安全动态，电源开关应设在监护人近旁，遇到紧急情况立即切断电源。

（5）遇到雨、雾、阴冷天气和干冷时，应遵照特种规范进行焊接工作。电焊人员工作地点应加以防护，免受不良天气影响。

（6）除掌握一般操作安全技术外，高处作业人员一定要经过专门的身体检查，通过有关高处作业安全技术规则考试才能上岗。

6）焊接作业的防火、防爆措施

（1）为防止火灾和爆炸类事故的发生，在作业前应仔细检查作业场所，在禁火区内严禁动火焊接。

（2）作业场所周围 10 m 的范围内不得存放有易燃易爆物品。

（3）在进行气焊或气割作业时，要仔细检查瓶阀、减压阀和胶管，不能有漏气现象，拧装和拆取阀门都要严格按操作规程进行。

（4）在进行电焊作业时，应注意如电流过大而导线包皮破损会产生大量热量，或者接头处接触不良均易引起火灾。因此作业前应仔细检查，对不良设备予以更换。

（5）应该注意在焊接和切割管道、设备时，热传导能导致另一端易燃易爆物品发生火灾爆炸，所以在作业前要仔细检查，对另一端的危险物品予以清除。

（6）当工作地点存在下列情况之一时，禁止进行焊接与切割作业：

① 堆存大量如漆料、棉花、干草等易燃物品，而又无法采取有效的防护措施时；

② 焊接与切割可能形成易燃易爆蒸气或积聚爆炸性粉尘时；

③ 新涂油漆，而油漆尚未充分干燥的结构；

④ 处于受压状态或装载易燃易爆介质、有毒介质的容器、装置和管道。

（7）在作业现场，要配备足够数量的灭火器材，要检查灭火器材的有效期限，保证灭火器材有效可用。

（8）焊接、切割作业结束后，要仔细检查现场，消除遗留下的火种，避免后患。

7）焊接作业职业危害防护措施

所谓保护，就是要把人体同生产中的危险因素和有毒因素隔离开来，创造安全、卫生和舒适的劳动环境，以保证安全生产。安全生产包括两个方面的内容：一是要预防工伤事故的发生，即触电、火灾、爆炸、金属飞溅和机械伤害等；二是要预防职业病的危害，防尘、防毒、防射线和噪声等。有害因素的防护措施如下：

（1）通风防护措施。焊接和切割过程中只要采取完善的防护措施，就能保证焊工只会吸入微量的烟尘和有毒气体，通过人体的解毒作用，把毒害减到最小程度，从而避免发生焊接烟尘和有毒气体中毒现象。通风防护是消除焊接粉尘和有毒气体、改善劳动条件的有力措施。按通风范围，可分为全面通风和局部通风。由于全面通风费用高，且排烟不理想，因此除大型焊接车间外，多采用局部通风措施。局部通风系统主要由吸尘罩（排烟罩）、风道、除尘或净化装置以及风机组成。

（2）个人防护措施。其主要是指对头、面、眼睛、耳、呼吸道、手、脚和身躯等的人身防护。主要有防尘、防毒、防噪声、防高温辐射、防放射性和防机械外伤等。焊接作业除穿戴一般防护用品（如工作服、手套、眼镜和口罩）外，针对特殊作业场合，还需要佩戴通风焊帽，防止烟尘危害。对于剧毒场所紧急情况下的抢修焊接作业，可佩戴隔绝式氧气呼吸器，防止急性职业中毒事故的发生。为保护焊工眼睛不受弧光伤害，焊接时必须使用镶有特制防护镜片的面罩，并根据焊接电流的强度不同来选用不同型号的滤光镜片。焊工应穿浅色或白色帆布工作服，并将袖口扎紧，领口扣好，皮肤不外露，以防止皮肤受到伤害。长时间在噪声环境下工作的人员应戴上护耳器，以减小噪声对人的危害程度。

参考文献

［1］霍华德 B 卡里，斯科特 C 黑尔策. 现代焊接技术［M］. 陈茂爱，王新洪，陈俊华，等译. 北京：化学工业出版社，2009.
［2］陈祝年. 焊接工程师手册［M］. 北京：机械工业出版社，2002.
［3］王洪光. 实用焊接工艺手册［M］. 2版. 北京：化学工业出版社，2014.
［4］刘鸿文. 材料力学Ⅰ［M］. 6版. 北京：高等教育出版社，2017.
［5］溶接学会. 溶接技术の基础［M］. ［S. l.］：日本产报出版株式会社，1996.

思考与练习

1. 简述焊条电弧焊、熔化极活性气体保护电弧焊、熔化极惰性气体保护焊、非熔化极惰性气体保护电弧焊、埋弧焊、激光焊接、电子束焊接、等离子焊接的特点及其应用场合。
2. 简述焊接接头强度设计方法。
3. 简述焊接设计方法。
4. 简述焊接用钢材及热影响区域的材料特性。
5. 简述熔化极活性气体保护电弧焊焊接工艺规范。
6. 简述熔化极惰性气体保护焊焊接工艺规范。
7. 简述非熔化极惰性气体保护电弧焊焊接工艺规范。
8. 以汽车车身焊接为例，详述机器人 MAG 焊接系统的组成及功能。
9. 以汽车车身焊接为例，详述机器人 MIG 焊接系统的组成及功能。
10. 以汽车车身焊接为例，详述机器人 TIG 焊接系统的组成及功能。

第 4 章

机器人激光加工技术

　　激光加工是根据激光束与材料相互作用的机理,利用激光束投射到材料表面产生的热效应来完成加工过程的一种加工方法,包括激光焊接、激光熔覆、激光切割等类型。激光加工属于无接触加工,而且高能量激光束的能量及其移动速度均可调,因此可以实现多种加工的目的。机器人激光加工是将激光技术和工业机器人技术进行融合,充分利用激光加工技术以及机器人技术的优势,实现自动化加工。为设计和应用机器人激光加工系统,本章详细介绍了激光加工原理,重点介绍了激光焊接原理、激光熔覆原理及激光切割原理;也介绍了机器人激光焊接、激光熔覆和激光切割工作站的组成及其应用。

4.1　激光加工原理

　　激光加工利用激光发散角小和单色性好的优点,通过光学系统把激光束聚集成一个极小的光斑(直径几微米或几十微米),使光斑处获得 $10^8 \sim 10^{10}$ W/cm^2 的能量密度,产生 10 000 ℃以上的高温,从而能在千分之几秒甚至更短的时间内使被加工物质熔化和汽化,实现连接或改变材料性质的目的。激光加工原理如图 4 - 1 所示。

　　1) 激光加工的主要特点

　　激光加工设备主要由激光器、电源、光学系统和机械系统等组成。激光加工的主要特点包括:

　　(1) 非接触加工。激光加工属于非接触加工,加工过程中,无机械应力产生,也无刀具磨损,因而可缩短加工时间;激光焊

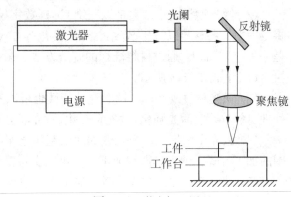

图 4 - 1　激光加工原理

接无需电极和填充材料,而且深熔焊接产生的纯化效应,使得焊缝材质纯度高。聚焦激光束具有 $10^6 \sim 10^{12}$ W/cm^2 高功率密度,可以进行高速焊接和高速切割。利用光的无惯性特点,在高速焊接或切割中可急停和快速启动。

(2)加工热影响区小。激光束照射到工件表面仅仅是局部区域,尽管在加工部位产生的热量大、温度高,但是加工时的移动速度较快,其热影响的区域较小,对非照射到的部位几乎没有影响。在实际的激光热处理、激光切割和激光焊接过程中,激光加工工件基本没有变形。

(3)加工方式灵活。激光束易于聚焦、发散和导向,可以便捷地得到不同的光斑尺寸和功率大小,以适应不同工件的加工要求;也可以通过调节外光路系统改变光束的方向,与机器人和数控机床等设备进行连接,构成各种加工系统,从而实现复杂工件的精密加工。

(4)可以进行微区加工。激光束不仅可以聚焦,而且可以聚焦到波长级光斑,使用小的高能量光斑可以进行微区加工。

(5)可以实现穿越式加工。激光产生和聚焦原理决定了可以透过透明介质对密封容器内的工件进行加工。

2)激光加工的方式

激光加工的方式包括激光去除材料加工、激光增材加工、激光微细加工、激光材料改性和其他激光加工方式。

(1)激光去除材料加工。在生产中常用的激光去除材料加工方法有激光打孔、激光切割、激光雕刻和激光刻蚀等,如图 4 - 2 所示。

(a)激光切割   (b)激光雕刻

图 4 - 2   激光去除材料加工

(2)激光增材加工。它是以三维 CAD 数字模型为基础,利用数控系统和激光加工系统,将专用的金属材料以挤压、烧结、熔融、固化等方式逐层堆积,从而制造出实体零件。这种方法是一种"自下而上"通过材料堆积的制造方法。激光增材加工主要包括激光焊接、激光烧结和快速成形,如图 4 - 3 所示。

(3)激光材料改性。利用激光的特性也可以实现材料改性。激光材料改性主要有激光热处理、激光熔覆、激光强化、激光合金化、激光非晶化、激光微晶化等,如图 4 - 4 所示。

(4)激光微细加工。激光微细加工起源于半导体制造工艺,是指加工尺寸约在微米级范围的加工方式。纳米级微细加工方式也叫做超精细加工,如图 4 - 5 所示。

(5)其他激光加工方式。激光加工在其他领域中的应用包括激光清洗、激光复合加工、激光抛光等,如图 4 - 6 所示。

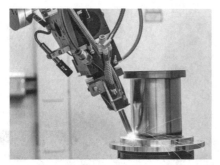
（a）激光焊接

（b）激光烧结

图 4 - 3 激光增材加工

（a）激光淬火

（b）激光熔覆

图 4 - 4 激光材料改性

图 4 - 5 激光微细加工

（a）激光清洗

（b）激光抛光

图 4 - 6 其他激光加工方式

4.2 机器人激光焊接技术

4.2.1 激光焊接原理

如图 4-7 所示,激光焊接是利用高能量密度的激光束作为热源的一种高效的、精密的焊接方法。本质上,激光焊接是采用高能量的激光脉冲对材料进行微小区域内的局部加热,激光辐射的能量通过热传导向材料的内部扩散,将材料熔化后形成特定熔池。

激光焊接主要针对薄壁材料和精密零件进行焊接,可实现点焊、对接焊、叠焊和密封焊等,具有深宽比高、焊缝宽度小、热影响区小、变形小和焊接速度快的特点。激光焊接的焊缝平整、美观,焊接后无须处理;激光焊接焊缝质量高,无气孔,可精确控制,聚焦光点小,定位精度高,易实现自动化焊接。

激光焊接可以采用连续或脉冲激光束的方式实现。激光焊接按照原理可分为热传导型激光焊接和激光深熔焊接两种。其中,功率密度小于 $10^4 \sim 10^5 \ \mathrm{W/cm^2}$ 的为热传导型激光焊接;功率密度大于 $10^5 \sim 10^7 \ \mathrm{W/cm^2}$ 的为激光深熔焊接。

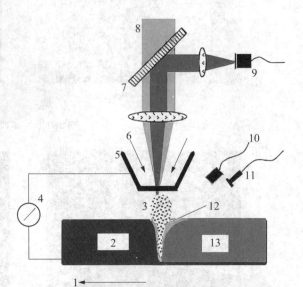

1—焊接方向;2—工件;3—等离子体;4—电荷传感器;
5—焊接喷嘴;6—保护气体;7—半反射镜;8—激光束;
9—共轴光学传感器;10—侧面光学传感器;
11—声学传感器;12—焊接熔池;13—焊缝

图 4-7 激光焊接原理

(1)热传导型激光焊接原理。激光辐射加热待加工表面,表面热量通过热传导向内部扩散,通过控制激光脉冲的宽度、能量、峰功率和重复频率等激光参数,使工件熔化,形成特定的熔池。此种焊接熔深浅、焊接速度慢,金属表面受热作用下凹成"孔穴",形成深熔焊,具有焊接速度快、深宽比大的特点。

(2)激光深熔焊接原理。采用连续激光光束完成材料的连接,其冶金物理过程与电子束焊接极为相似,其能量转换机制是通过"小孔"结构来实现。在足够高的功率密度激光照射下,材料产生蒸发并形成小孔。这个充满蒸气的小孔几乎吸收全部的入射光束能量,孔腔内平衡温度达 25 000 ℃ 左右,热量从这个高温孔腔外壁传递出来,从而使孔腔四周的金属熔化。随着光束不断进入小孔,小孔外的材料在连续流动;同时,随着光束移动,小孔始终处于流动的稳定状态。小孔和围着孔壁的熔融金属随着前导光束前进速度向前移动,熔融金属充填着小孔移开后留下的空隙并随之冷凝。

1)激光焊接的主要优点

(1)可将输入热量降到最低的需要量,热影响区金相变化范围小,具有可控性;同时,因热传导所导致的工件变形小。

(2)与弧焊相比,激光焊接不需使用电极,没有电极污染或受损的现象;同时,因属于非接触式焊接,机具的耗损及变形接可降至最低。

(3)激光束易于聚焦、对准及受光学仪器导引,不仅可放置在离工件适当的距离,而且可在工件周围的机具或障碍之间导引。其他焊接法则因受到上述的空间限制而无法发挥作用。

（4）激光束可聚焦在很小的区域，可焊接小型且间隔相近的部件，可焊材质种类范围大，也可相互接合各种异质材料。

（5）与电弧焊接及电子束焊接不同，激光焊接不受磁场所影响，能精确地对准焊件。

（6）若采用穿孔式焊接，则焊道深一宽比可达 10：1。

（7）焊接薄材或细径线材时，不会像电弧焊接有回熔的问题。

2）激光焊接的主要缺点

（1）受光束质量和激光功率的限制，激光束的穿透深度有限，而加工用高功率激光束的激光器价格较高；同时高功率激光束焊接时，等离子体的控制更加困难，若控制不当，则焊接过程稳定性会恶化，甚至出现屏蔽效应而使熔深下降；因此目前激光焊接一般适用于较薄材料的焊接。

（2）激光束的直径很小，热影响区域较窄，对工件装配间隙要求严格，即便采用激光填丝多层焊接，也难以完全克服，同时由于焊丝与光束相互作用，使焊接工艺参数的调整更加复杂。

（3）激光焊接时形成的等离子体对激光的吸收和反射，降低了母材对激光的吸收率，使激光的能量利用率降低，同时使焊接过程变的不稳定。

（4）激光焊接对高反射率、高导热系数材料的焊接较为困难，其熔池的凝固速度快使其容易产生气孔，冷裂纹，同时合金元素和杂质元素容易偏析，出现热裂纹等缺陷。

4.2.2　激光焊接应用

4.2.2.1　金属及其合金应用

激光焊接可应用于钛、镍、锡、锌、铜、铝、铬、铌、金和银等多种金属及其合金，钢，可伐合金（KOVAR）又称封接合金。在 $-70\sim500$ ℃温度范围内，具有比较恒定的较低或中等程度膨胀系数的合金（如 4J29 和 4J50）等合金的同种材料间的焊接，也可应用于铜-镍、镍-钛、铜-钛、钛-钼、黄铜-铜、低碳钢-铜等多种异种金属间的焊接。除上述应用之外，激光焊接还可以用于金属和非金属的焊接，具体如下：

1）碳钢及普通合金钢焊接

碳钢激光焊接效果良好，焊接质量取决于钢中杂质含量，其中硫和磷是产生焊接裂纹的敏感因素。为了保证焊接质量，碳含量超过 0.25％时需要预热。当不同含碳量的钢相互焊接时，焊枪可稍偏向低碳材料一边，以确保接头质量。低碳沸腾钢由于硫、磷的含量高，并不适合激光焊接。低碳镇静钢由于低的杂质含量，焊接效果就很好。中、高碳钢和普通合金钢都可以进行良好的激光焊接，但需要预热和焊后处理，以消除应力，避免裂纹形成。

2）不锈钢焊接

不锈钢激光焊接比常规焊接更易于获得优质焊缝。由于焊接速度高、热影响区很小，敏化不成为主要问题。与碳钢激光焊接相比，不锈钢低的热导系数更易于获得深熔窄焊缝。

3）不同金属之间的焊接

激光焊接具有极高的冷却速度和较小的热影响区，为一些不同金属焊接熔化后有不同结构的材料相容提供了有利条件。目前，以下钢材可以顺利进行激光深熔焊接：不锈钢～低碳钢，416 不锈钢～310 不锈钢，347 不锈钢～HASTALLY 镍合金，镍电极～冷锻钢，不同镍含量的双金属带。

4）塑料件焊接

激光束穿透上部透明的塑料件，使下部连接件瞬间熔化，通过熔化膨胀将上部件湿润并局部熔化，从而使上下零件焊接在一起。

4.2.2.2 行业应用

随着激光焊接技术的不断完善,其技术在各领域内得到了极大的推广,主要应用于制造业、汽车工业、航空航天工业、塑料加工、生物医学、珠宝首饰、粉末冶金、电子业、石油化工业和造船工业等。

1) 汽车工业

汽车制造企业开始在生产线上用机器人激光焊接代替传统的机器人电阻点焊技术。与传统焊接方法相比,激光焊接具有很多独特优势:焊接速度快,达 20 m/min;焊接变形很小,装焊精度高;焊点冶金质量高,提高了车身的抗疲劳性、抗冲击性、抗腐蚀性能,车身刚度提高了30%;提高了车身的密封性,降低噪声30%;可以采用单面焊接方式,焊点尺寸小,预留的焊接边缘小。除了汽车制造业外,激光焊接在电子设备的精确焊接也有广泛的应用。

(1) 白车身激光焊接。汽车工业中的激光焊接大量用在白车身冲压零件的装配和连接上。主要应用包括车顶盖激光焊、行李箱盖激光焊及车架激光焊等。

车身激光焊接应用,是车身结构件(包括车门、车身侧围框架及立柱等)的激光焊接。

(2) 不等厚激光拼焊板。车身制造采用不等厚激光拼焊板可减轻车身重量、减少零件数量、提高安全可靠性及降低成本。

2) 海洋工程

采用激光焊接技术制造海洋建筑物组件非常合适,因为它结合了焊接切割自动化技术与激光技术。与弧焊方法相比,采用该技术可以大大提高生产率。

3) 飞机制造

激光束焊具有能量密度高、热影响区小、空间位置转换灵活、可在大气环境下焊接、焊接变形极小等优点,目前主要应用于飞机大蒙皮的拼接,以及蒙皮与长桁的焊接,以保证气动面的外形公差。另外在机身附件的装配中也大量使用了激光束焊接技术。

4) 石油化工

激光焊接也多见于薄壁零件的制造中,如进气道、波纹管、输油管道、变截面导管和异型封闭件。

4.2.3 激光焊接工艺

激光焊接的主要工艺参数包括功率密度、激光脉冲波形、激光脉冲宽度、离焦量、焊接速度和保护气体。

1) 功率密度

功率密度是激光加工中最关键的参数之一。若采用较高的功率密度,则在微秒时间内,工件表层即可加热至沸点,产生大量汽化。因此,高功率密度对于材料去除加工,如打孔、切割、雕刻有利。对于较低功率密度,表层温度达到沸点需要经历数毫秒,在表层汽化之前,底层已经达到熔点,易形成良好的熔融焊接。因此,在传导型激光焊接中,功率密度的范围在 $10^4 \sim 10^6 \ \text{W/cm}^2$。

2) 激光脉冲波形

激光脉冲波形对于薄片工件焊接极为关键。当高强度激光束射至材料表面,金属表面将会有 60%～98% 的激光能量反射而损失掉,且反射率随表面温度变化而变化。在一个激光脉冲作用期间内,金属反射率的变化较大,需要根据母材的特性及焊接工艺要求调整激光脉冲波形。

3) 激光脉冲宽度

脉宽也是脉冲激光焊接的重要参数之一,它既是区别于材料去除和材料熔化的重要参数,也是决定加工设备成本及体积的关键参数。

4) 离焦量

激光焊接通常需要一定的离焦量,这是因为激光焦点处光斑中心的功率密度过高,容易蒸发成孔。离开激光焦点的各平面上,功率密度分布相对均匀。离焦方式有正离焦与负离焦两种。焦平面位于工件上方为正离焦,反之为负离焦。依据几何光学原理,当正负离焦平面与焊接平面距离相等时,所对应平面上功率密度近似相同,但实际上这两种方式获得的熔池形状不同。采用负离焦时,可获得较大的熔深,这与熔池的形成过程有关。试验表明,激光加热 $50 \sim 200 \mu s$ 时材料开始熔化,形成液相金属并出现部分汽化,形成高压蒸气,并以极高的速度喷射;与此同时,高浓度气体使液相金属运动至熔池边缘,在熔池中心形成凹陷。当采用负离焦时,材料内部功率密度比表面还高,易形成更强的熔化、汽化,使光能向材料更深处传递。所以在实际应用中,当要求熔深较大时,采用负离焦;当焊接薄材料时,宜用正离焦。

5) 焊接速度

激光焊接进行时,焊接速度的快慢会影响单位时间内的热输入量。若焊接速度过慢,则热输入量过大,导致工件烧穿;若焊接速度过快,则热输入量过小,导致工件焊不透。

6) 保护气体

激光焊接过程中常使用惰性气体来保护熔池,这是保护气体的第一个作用。对于大多数应用场合,常使用氩、氦等气体作保护气体。保护气体的第二个作用是保护聚焦透镜免受金属蒸气污染和液体的溅射,在高功率激光焊接时,喷出物非常有力,此时需要对透镜进行防护。保护气体第三个作用是可以有效驱散高功率激光焊接生成的等离子屏蔽。金属蒸气吸收激光束电离成等离子体,如果等离子体存在过多,那么激光束在某种程度上会被等离子体消耗掉。

4.2.4 机器人激光焊接系统实例

4.2.4.1 焊接机器人工作站设计依据

某企业要求设计一个机器人焊接工作站,其主要设计要求如下:

1) 焊接工件的基本要求

零件焊缝处的一致性误差为 ±0.5 mm;零件上不应该有影响定位及焊接的毛刺;零部件或零部件组成应符合所提供的图样尺寸。

(1) 焊接件的结构如图 4-8 所示,为两个管道的焊接。

(2) 焊接技术要求。包括:① 工件相贯线焊接,焊接部位保持平整圆滑,不得有尖角存在;② 焊接区周围 20 mm 以内的黏砂、油、水、锈等脏物必须彻底清理;③ 焊接面无烧伤、裂纹和明显的结瘤;④ 焊缝美观,无夹渣、气孔、裂纹、飞溅等缺陷。

(3) 节拍计算。焊缝共 50 条,焊缝长度 1 273 mm。其中两个侧板各有 12 条焊缝,靠背有 20 条焊缝。根据图样,确定焊接时间如下:

① 焊缝焊接时间:24.79 s。

② 机器人从一条焊缝移动到另外一条焊缝的时间平均 0.5 s。

③ 机器人移动总时间:39×0.5=19.5(s)。

④ 机器人到位和回初始点时间:5 s。

⑤ 关门和开门时间:8 s。

⑥ 节拍:24.79+19.5+5+8=57.29(s)。

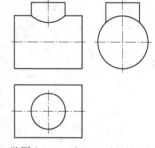

壁厚 3 mm、$\phi 200$ mm×300 mm 和 $\phi 100$ mm×100 mm 不锈钢

图 4-8 焊接件的结构图

2) 激光焊接机器人工作站工作流程

焊接机器人工作站作业流程:装入工件→按启动按钮→工装气缸夹紧定位工件→关闭保护门→激光焊接→焊接完成→开保护门→取出工件→打标站打标。

4.2.4.2 机器人激光焊接工作站组成

根据 4.2.4.1 节设计要求,开发的机器人焊接工作站三维(3D)图如图 4-9 所示。机器人激光焊接工作站主要由焊接机器人、激光焊接主机、激光焊接头、冷却系统、弧焊除烟尘装置、焊接工装及夹具、焊接工装及夹具、焊接围栏、电气控制系统等组成。

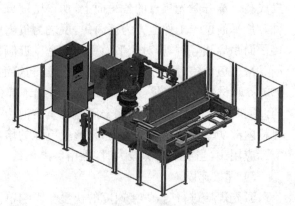

图 4-9 机器人焊接工作站 3D 图

1) 焊接机器人

焊接机器人就是在工业机器人的末轴法兰装激光焊接头,使之能进行激光焊接。工作站配置库卡 KR20R1810 作为激光焊接机器人,如图 4-10 所示,它由机器人本体、控制柜、示教器和线缆组成。机器人具有 6 自由度;重复定位精度:±0.04 mm;负载 20 kg、臂展 1810 mm、重量 240 kg。

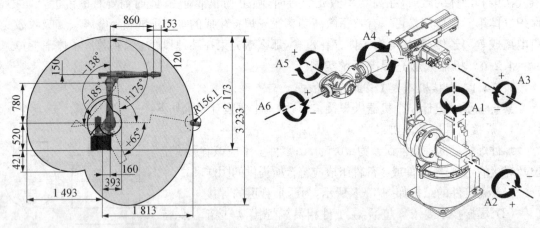

图 4-10 工作站配置库卡 KR20R1810 作为激光焊接机器人

焊接机器人采用 KUKA KR C4 middle 控制系统,如图 4-11 所示,它可降低集成、保养和维护方面的费用。由于通用的开放式工业标准,该系统同时还将持续提高系统的效率和灵活性。

示教器用于机器人的编程和控制,具备 6D 鼠标、彩色显示屏、急停按钮、多种坐标系和运行模式等,如图 4-12 所示。

除了机器人标准配置外,机器人还须配置专用软件包,可用于机器人和外部设备的连接、控制等。系统采用 Profinet 总线,提供设备通信协议,实现各设备通信功能。

图 4-11 KUKA KR C4 middle 控制柜

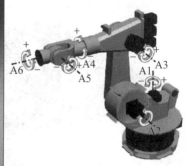

图 4-12 示教器

2）激光焊接主机

激光焊接主机主要产生用来焊接的激光束,由电源、激光发生器、控制系统等部分组成,如图 4-13 所示。

3）激光焊接头

激光焊接头如图 4-14 所示,它实现改变焊接光束偏振状态、方向,传输光束和聚焦的功能。激光焊接头对激光焊接质量有极其重要的影响。

图 4-13 激光焊接主机　　　　图 4-14 激光焊接头　　　　图 4-15 冷水机

4）冷却系统

激光主机和激光焊接头运行时会产生热量,冷却系统为激光主机和激光焊接头提供冷却功能。冷水机如图 4-15 所示,主要由冷却主机、进出管路等组成。

5）焊接工装及夹具

焊接工装及夹具如图 4-16 所示。该工装表面配备了一个通用柔性夹具平台,配合锁紧销、压紧器、V 形块、定位尺和压板等工具,可实现水平板对接、管对接、垂直板对接等工件夹紧。

6）焊接除烟尘装置

系统采用移动式单臂烟尘净化器,能吸取机器人自动焊接时产生的烟气,保护环境,降低空气污染,如图 4-17 所示。

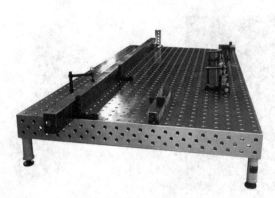

图 4-16　焊接工装及夹具

图 4-17　除烟尘装置

7）安全防护

（1）安全控制系统。

① 安全门开关。采用安全开关对工作站的入口区域进行锁定。当激光器、机器人处于工作状态时，门开关上锁保护，站外操作人员无法进入；当门打开时，激光器、机器人处于停止状态中，以保护操作人员的安全。

② 保护门开关。位于操作者上料侧，选用具有绝对断开能力的行程开关或具有四级安全功能的磁开关，作为检测保护门关闭到位的设备。如果保护门未关闭，那么在其保护的风险区域内的各危险设备将被停止。

（2）安全防护装置。激光工作房及整个集成系统单元，要求屏蔽和防止激光泄漏，保证操作和维护员工的人身安全。工作房本身采用加厚钢板，并有 Laser Spy 防泄漏传感器。工作房工作窗口两侧安装安全光幕、启动按钮、急停按钮。所有的操作装置安装在固定、安全的位置。工作房采用双层板结构，钢板厚度＞1.0mm，铝板反射率高，不易被激光穿透，配备一个激光玻璃观察窗。工作房在激光工作时必须完全密闭、完全隔离和防止激光泄漏。在双层板内部安装有激光泄露传感器，用于检测激光的泄露。选用优质的进口电缆和光纤保护管，来固定和导向激光光缆。

机器人外围安全防护围栏如图 4-18 所示，它用于机器人自动焊接时可保护人员进入，围栏框架和门上装有安全开关，若机器人自动运行时开门，则可急停机器人运行，保护人员安全。

图 4-18　机器人外围安全防护围栏

8）电气控制系统

电气控制系统如图 4 - 19 所示。主控制单元通过总线收集工作站内传感器、开关等状态信号，并通过网络将 CPU 的动作执行命令传递给各执行机构；通过以太网维护人员可以进行远程维护操作，以减少维护时间。人机交互单元为触摸屏。通过触摸屏的界面可以实时监控工作站的运行情况，并对工作站的某些特定部件参数进行配置。触摸屏主要功能有报警显示、各模块（设备）的基本操作及状态监视、工件计数、节拍显示和模式选择。

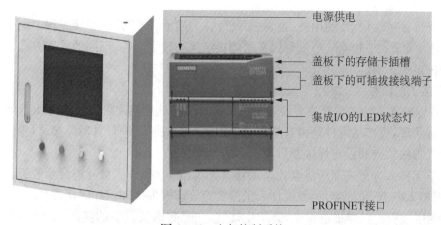

电源供电

盖板下的存储卡插槽

盖板下的可插拔接线端子

集成 I/O 的 LED 状态灯

PROFINET 接口

图 4 - 19 电气控制系统

弧焊电气控制系统用于自动化焊接时的控制和保护人员安全，该系统采用西门子 PLC1200 系列模块，工作站具备自动化控制和安全监控，具有启动、复位、急停等功能。

9）不合格件检测与处理

在焊接过程中，如果出现停机或激光器报警时，那么系统将诊断此工件不合格。焊接过程结束，保护门打开，所有工装均不打开，不合格指示灯点亮（红），不合格计数器加 1；操作人员按下 NOK 按钮进行复位，此时所有工装打开，操作人员取出不合格工件放入废料箱。

4.2.4.3　激光焊接工艺

1）焊接工件

激光焊接工作站能够完成多种类型的不锈钢焊接，如平板对接接头、T 型角对接接头、管对接接头等，焊接工件类型如图 4 - 20 所示。

2）激光焊接工艺参数

（1）激光功率密度。功率密度是激光焊接最关键的参数之一，采用较高的功率密度，在微秒时间范围内，表层即可加热至材料熔化。

（2）激光脉冲波形。当高强度激光束射至材料表面，材料表面将会有 60% ～ 90% 的激光能量反射而损失掉，尤其是金、银、铜、铝、钛等材料反射强、传热快。

（3）激光脉冲宽度。脉宽是激光焊接的重要参数，脉宽越长热影响区越大。但脉冲宽度的

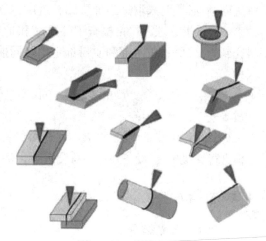

图 4 - 20 焊接工件类型

增大会降低峰值功率,每种材料都有一个可使熔深达到最大、最佳的脉冲宽度。

(4)焊接速度。它决定了焊接表面质量、熔深、热影响区等。焊接速度的快慢将会影响单位时间内的热输入量,若焊接速度过慢,则热输入量过大,导致工件烧穿;若焊接速度过快,则热输入量过小,造成工件焊不透。

(5)辅助吹保护气。在高功率激光焊接中,它是必不可少的一道工序:一方面是为了防止金属材料溅射而污染聚焦镜;另一方面是为了防止焊接过程中产生的等离子体过多聚焦,阻挡激光到达材料表面。

在激光焊接过程中,常使用氦、氩、氮等气体保护熔池,使工件在焊接工程中免受氧化。保护气体种类、气流大小和吹气角度等因素对焊接结果有较大影响,不同的吹气方法也会对焊接质量产生一定的影响。

3) 焊接工艺流程

(1)焊前准备。检查焊接站各设备健康情况,机器人、焊接主机、除尘、冷水机等设备有无报警或异常状况,焊接站附件是否有易燃易爆物品。在机器人进行自动焊接前,操作人员必须示教机器人焊接轨迹和设定焊接参数等。

焊接前工件要进行表面清洁度处理,确保焊接质量,且操作人员要进行示教机器人焊接轨迹,调整机器人姿态、角度等,示教操作人员需要充分掌握焊接知识和焊接技巧。

(2)焊接过程。在焊接过程中,会产生烟气,注意除烟气设备的使用和空间的通风,机器人是一种高速的运动设备,在进行自动运行时,绝对不允许任何人靠近机器人,操作人员必须接受安全方面的专门培训,否则不准操作。同时为避免激光对人体的辐射,不得在近处直接用眼睛观看弧光或避开防弧板观看。

(3)焊后处理。包括:①检查焊缝平滑状况,不能出现堆起凸包、不均匀的现象,合格半成品进入打磨工序;②工件焊缝用砂布打磨一遍,不得存在焊渣、焊点、毛刺等,焊缝应光滑、平整。

4) 焊接施工管理

(1)技术管理。严格按照国家和行业标准执行技术工作,新工艺确定后进行质量评定试验,用于测定焊件具有符合要求的使用性能。

(2)进度管理。严格按照计划进度施工,实际进度和计划进度有差异时,及时找出问题、解决问题,必要时采取适当加班弥补进度偏差。

(3)质量管理。严格检查工件成品和半成品质量,把符合产品技术要求的半成品或原材料交到焊接部门,技术部和质量部定期共同抽查成品质量情况,只有经检测合格的产品,才可入库。

(4)生产与安全。严格遵守生产和安全管理制度,落实安全生产责任人,定期检查设备、人员等安全问题,杜绝安全隐患。

(5)设备包装。雨天、雪天不在外面包装,不在潮湿及杂乱堆放的地方包装,在外围利用气泡模进行缠绕包装,设备外包装符合运输、多次拆卸要求,确保产品完整、无损、安全运达目的地。

4.3　机器人激光熔覆技术

4.3.1　激光熔覆原理

激光熔覆技术是指采用一定的添料方式,在被熔覆物体基体材料表面上放置好的涂层材料,再经激光辐射使之和基体表面上的一薄层同时熔化,经快速凝固后与基体通过冶金结合形成表面涂层,从而达到显著改善基体材料表面的耐腐蚀、耐磨损、耐高温、抗氧化及部分电气特性的工艺方法。激光熔覆技术原理如图4-21所示。工件表面改性或修复,是为了满足对材料表面特定性能的要求,同时也可以节约贵重元素。

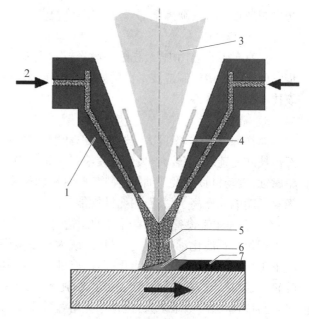

1—同轴送粉熔覆头;2—送粉气;3—激光束;4—保护气;
5—粉末流;6—熔池;7—熔覆层

图4-21　激光熔覆技术原理

激光熔覆技术是以"离散＋堆积"成形的思想为基础,把激光熔覆表面强化技术和快速原型制造技术相结合,实现三维金属零件的分层增材制造。激光熔覆成形时,首先在计算机上生成待加工零件的CAD模型;其次,对CAD模型进行切片分割处理,将一个复杂的三维零件转变成一系列的二维平面图形;然后,在实际成型过程中,计算机从每一层二维平面图形中获取扫描轨迹指令,控制数控工作台和激光器的运动;最后,加工过程中利用高能激光束在金属基体上形成熔池,将通过送粉装置和喷嘴输送来的金属粉末或预先置于基体上的涂层快速熔化,金属粉末或涂层快速凝固后,在基体材料表面形成无裂纹和气孔的冶金结合层。如上所述,激光熔覆技术能够按照轮廓轨迹逐线、逐层堆积材料直接生成近终形三维实体零件。

激光熔覆具有以下特点:

(1)冷却速度快(高达106 K/s)。属于快速凝固过程,容易获得细晶组织或产生平衡态所无法获得的新相,如非稳相、非晶态等。

(2)涂层稀释率低。一般小于5%,与基体呈冶金结合或界面扩散结合方式;通过对激光工艺参数的调整,可以获得低稀释率的优质涂层,并且涂层成分和稀释度可控。

(3)热输入和畸变较小。特别是当采用高功率密度快速熔覆时,变形可降低到零件的装配公差内。

(4)粉末的选择几乎没有限制,特别是在低熔金属表面熔敷高熔点合金。

(5)熔覆层的厚度范围大。单道送粉一次涂覆厚度在0.2～0.5 mm。

(6)能进行选区熔敷,材料消耗少,性价比高。

(7)光束瞄准可以使难以接近的区域熔敷。

(8)工艺过程易于实现自动化。

4.3.2　激光熔覆应用

激光熔覆主要有以下几个方面的应用:

1)电力设备及其零部件的制造

电力设备分布量大、不间断运转,其零部件的损坏概率高。汽轮机是火力发电的核心设备,由于高温、高热特殊的工作条件,每年都须定期对损伤的机组零部件进行修复,如主轴轴径、动叶片等。燃气轮机由于其在高达1300℃的高温条件下工作,经常会发生损伤。采用激光再制造技术将其缺陷全部修复完好,恢复其使用性能,费用仅为新机组价格的 1/10。

2) 汽车制造

在汽车工业应用中,最先采用激光技术主要用于切割、热处理。随着熔覆技术的发展,逐步发展到柔性增材制造技术。例如发动机排气门的密封锥形面熔覆 Stellite 合金是最先采用该技术的汽车零件。

3) 船舶制造

海洋环境恶劣,湿度大、盐分高,海洋船舶装备易发生磨损和腐蚀。海洋工程装备和船舶部件技术复杂、价值较大,失效报废浪费巨大。中国已有船厂应用激光熔覆技术,针对船舶叶轮腐蚀、发动机缸套及柴油机进排气阀盘锥面磨损,进行高精度修复,获得了良好的熔覆效果,恢复了功能并提高了耐磨、耐腐蚀性能。

4) 石油化工设备及其零部件的制造

现代的石油化工业基本上采用连续大规模生产模式,在生产过程中,机器长时间在恶劣环境下工作,导致设备内元件出现损坏、腐蚀、磨损,其中经常会出现问题的零部件包括阀门、泵、叶轮、大型转子的轴颈、轮、盘、轴套、轴瓦等。这些元件十分昂贵,不仅涉及的零部件种类很多,而且形状大多数很复杂,但是激光熔覆技术都可完美解决上述问题。

5) 钢铁生产

轧辊是轧材企业生产中的耗材。轧辊质量直接影响着轧机的效率及产品质量,因此对修复具有很高的技术要求。通常轧辊的失效方式有热龟裂、剥落、疲劳磨损和磨料磨损等。采用激光熔覆技术,针对轧辊材质、工作环境、技术要求,选择对应的熔覆合金粉末及熔覆工艺,熔覆层与基体材料实现良好的冶金结合,熔覆层组织致密细小,表面硬度可达到 50～60 HRC,起到了很好的强化修复作用。

4.3.3　激光熔覆工艺

根据工件的技术要求,熔覆各种成分的金属或非金属,以制备耐热、耐腐蚀、耐磨损、抗氧化、抗疲劳或具有光、电、磁特性的表面覆层。通过激光熔覆,可在低熔点材料上熔覆一层高熔点的合金,也可使非相变材料(Al、Cu、Ni 等)和非金属材料的表面得到强化。

激光熔覆用于构建金属表面,既可用于修复以重建损坏的几何形状,也可用于新零部件制造以改善部件的性能,例如磨损、腐蚀或热反抗。在激光熔覆中,粉末和线材形式的添加剂材料被熔化到基体材料上。在激光熔覆过程中,快速冷却使涂层具有均匀的细晶粒结构,其特点是韧性和硬度高。

4.3.3.1　激光熔覆工艺分类

激光熔覆按基体材料表面预处理方法、熔覆材料的供料方法、预热和后热处理,分为预置式激光熔覆和同步式激光熔覆两类,如图 4-22 所示。

1) 预置式激光熔覆

预置式激光熔覆是将熔覆材料事先置于基体材料表面的熔覆部位,之后采用激光束辐照扫描熔化,熔覆材料以粉、丝、板的形式加入,其中以粉末的形式最为常用。预置式激光熔覆的主要工艺流程为:基体材料熔覆表面预处理→预置熔覆材料→预热→激光熔化→后热处理。

预置熔覆材料的方式包括:

(1) 预置涂覆层。预置涂覆层是用黏结剂将粉末调成糊状熔覆置于工件表面,干燥后再进行激光熔覆处理。该方法生产效率低,熔覆厚度不一致,不宜用于大批量生产。

(2) 预置片。将熔覆材料的粉末加入少量黏结剂模压成片,置于工件需熔覆部位,再进行

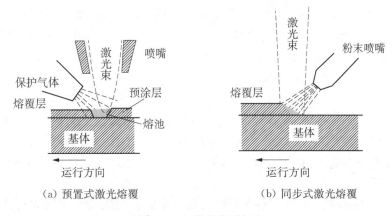

（a）预置式激光熔覆　　　　　（b）同步式激光熔覆

图 4‑22 激光熔覆方法

激光处理。此法粉末利用率高,且质量稳定,适宜于一些深孔零件如小口径阀体,采用此法处理能获得高质量涂层。

2）同步式激光熔覆

同步式激光熔覆是将熔覆材料直接送入激光束中,使供料和熔覆同时完成。熔覆材料主要也是以粉末的形式送入,有的也采用线材或板材进行同步送料。同步式激光熔覆的主要工艺流程为:基体材料熔覆表面预处理→送料激光熔化→后热处理。

同步式激光熔覆又分为同步送粉法和同步送丝法两种。

（1）同步送粉法。使用专用喷射送粉装置将单种或混合粉末送入熔池,控制粉末送入量和激光扫描速度即可调整熔覆层的厚度。由于松散的粉末对激光的吸收率大,热效率高,可获得比其他方法更厚的熔覆层,容易实现自动化。

（2）同步送丝法。同步送丝法的工艺原理虽然与同步送粉法相同,但是熔覆材料是预先加工成丝材或使用填充丝材。该方法使用便捷,且不浪费材料,更易保证熔覆层的成分均匀性,尤其当熔覆层是复合材料时,不会因粉末比重或粒度大小的不同而影响覆层质量,且通过对丝材进行预热的精细处理可提高熔覆速率。

4.3.3.2　激光熔覆工艺参数

激光熔覆的工艺参数主要有激光功率、光斑直径、熔覆速度、离焦量、送粉速度、扫描速度和预热温度等。这些参数对熔覆层的稀释率、裂纹、表面粗糙度及熔覆零件的致密性等有很大影响。

（1）激光功率。激光功率越大,则熔化的熔覆金属量越多,产生气孔的概率越大。随着激光功率增加,熔覆层深度增加,周围的液体金属剧烈波动,动态凝固结晶,使气孔数量逐渐减少甚至得以消除,裂纹也逐渐减少。当熔覆层深度达到极限深度后,随着激光功率提高,基体表面温度升高,变形和开裂现象加剧;若激光功率过小,仅表面涂层熔化,基体未熔,此时熔覆层表面出现局部起球、空洞等,难以达到表面熔覆目的。

（2）光斑直径。激光熔覆采用的激光束一般为圆形。熔覆层宽度主要取决于激光束的光斑直径,光斑直径增加,熔覆层变宽。光斑尺寸不同会引起熔覆层表面能量分布变化,所获得的熔覆层形貌和组织性能有较大差别。在一般情况下,采用小尺寸光斑,熔覆层质量较好,随着光斑尺寸增大,熔覆层质量下降。

（3）熔覆速度。熔覆速度过高,合金粉末不能完全熔化,未能起到优质熔覆的效果;熔覆速度太低,熔池存在时间过长,粉末过烧,合金元素损失,同时基体的热输入量大,会增加变形量。

在激光功率一定的条件下,熔覆层稀释率随光斑直径增大而减小,当熔覆速度和光斑直径一定时,熔覆层稀释率随激光束功率增大而增大。另外,随着熔覆速度的增加,基体的熔化深度下降,基体材料对熔覆层的稀释率下降。

在多道激光熔覆中,搭接率是影响熔覆层表面粗糙度的主要因素,若搭接率提高,则熔覆层表面粗糙度降低,但搭接部分的均匀性很难得到保证。熔覆道之间相互搭接区域的深度与熔覆道正中的深度有所不同,从而影响了整个熔覆层的均匀性;同时,多道搭接熔覆的残余拉应力会叠加,使局部总应力值增大,增大了熔覆层裂纹的敏感性。预热和回火能降低熔覆层的裂纹倾向。

(4) 熔覆层增强颗粒。增强颗粒在激光熔覆中将发生分解、析出及长大,它们对熔覆层的微观组织形态有较大的影响,从而影响熔覆层性能。熔覆层选用的增强颗粒,按照性质可分为金属键类、共价键类和离子键类三种类型。熔覆所用基体材料种类较多,主要有碳钢、合金钢、铸铁、铝合金、铜合金和镍基高温合金等。

激光熔覆的合金体系主要有铁基合金、镍基合金、钴基合金和金属陶瓷等。熔覆铁基合金涂层适用于要求局部耐磨且容易变形的零部件;镍基合金涂层适合于要求局部耐磨、耐热、耐腐蚀的零部件,所需的激光功率密度比熔覆铁基合金的略高;钴基合金涂层适合于要求耐磨、耐腐蚀和抗热疲劳的零部件;陶瓷涂层在高温下有较高的强度,且热稳定性好、化学稳定性高,适用于耐磨、耐腐蚀、耐高温和抗氧化性的零部件。

镍基合金的合金化原理如下:运用钼、钨、铬、铁、钴等元素进行奥氏体固熔强化;运用 Al、Ti、Nb、Ta 等获得金属间化合物 γ' 相沉淀强化;添加 B、Zr、Co 等元素实现晶界强化。激光熔覆镍基合金粉末的合金元素及添加量的选择也是基于以上几个方面考虑。此外,添加稀土元素对镍基高温合金稳定性有利,对合金高温抗氧化性、耐硫腐蚀等也均有重要作用。添加一定量的碳化物可显著提高涂层耐磨性。

激光熔覆钴基合金主要用于铜和铁基合金基体上,关于钴基合金的成分设计,品种较少,所用元素主要有 Cr、W、Fe、Ni 和 C,此外添加 B、Si 以形成自熔合金,见表 4-1。

表 4-1　常用基体材料、熔覆材料及其应用范围

基体材料	熔覆材料	应用范围
碳钢、铸铁、合金钢、铝合金、铜合金、镍基合金、钛金基合金等	纯金属及合金,如 Cr、Ni 以及 Co、Ni、Fe 基合金	提高耐热、耐磨等性能
	氧化陶瓷,Al_2O_3、ZrO_2、SiO_2 等	提高耐高温及耐氧化等性能
	金属、类金属与 C、N、B、Si 等元素组成的化合物	提高硬度、耐磨性和耐热性

4.3.4　机器人激光熔覆系统实例

机器人熔覆工作站功能齐全,适合轴类、平面等激光熔覆加工,也适合球类、曲面类等复杂面的加工。根据不同装备的使用工况环境,激光表面再制造(熔覆修复、增材制造)加工主要提高金属零部件的耐磨、耐蚀、耐高温、抗氧化等性能,不仅能让已失效的零件恢复使用,而且能显著延长新零件的使用寿命。

机器人激光熔覆如图 4-23 所示。图中的工业机器人可以通过编程或示教的方式,精确

地控制机器人的各关节及末端执行器的运动,从而实现熔覆工艺所要求轨迹、姿态、运动速度
等要求。

图 4 - 23 机器人激光熔覆

4.3.4.1 熔覆作业要求

1) 熔覆结构图纸(图 4 - 24)

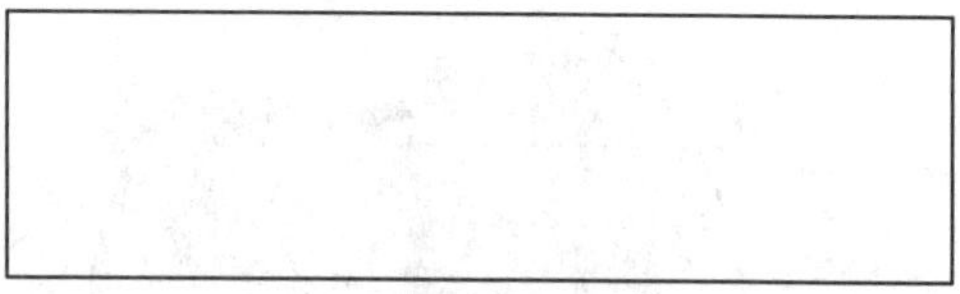

2) 熔覆技术要求

(1) 熔覆道形状规则整齐,表面不允许出现裂纹、气孔等。

(2) 熔覆层组织性能优良,满足实际使用需求。

$\phi 1\,000\,mm$,长度 $2\,000\,mm$,表面熔覆,提高表面性能

图 4 - 24 熔覆结构图

4.3.4.2 机器人熔覆工作站组成

机器人激光熔覆工作站主要由激光熔覆机器人、激光熔覆头、光纤激光器、送粉器、旋转变位机、冷水机、气体设备、安全围栏和电气控制系统等组成,如图 4 - 25 所示。

1—变位机;2—工作台;3—激光头;4—机器人;
5—送丝机;6—激光光源;7—机器人控制器

图 4 - 25 机器人激光熔覆系统组成

1) 激光熔覆机器人

熔覆机器人就是在工业机器人的末轴法兰装接激光熔覆头,使之能进行激光熔覆工艺。
如图 4 - 26 所示,该机器人工作站配置库卡 KR15 为激光熔覆机器人,由机器人本体、控制柜、
示教器和线缆组成,机器人具有 6 自由度、负载 15 kg、臂展 150 mm。

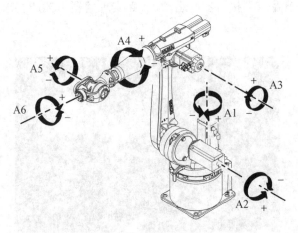

(a) KR15 机器人本体

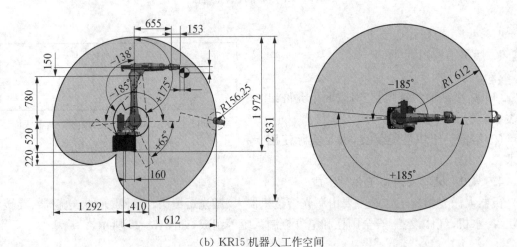

(b) KR15 机器人工作空间

图 4-26　工作站配置库卡 KR15 为激光熔覆机器人

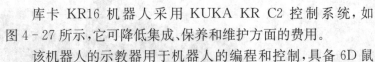

图 4-27　机器人 KUKA KR C2 控制系统

　　库卡 KR16 机器人采用 KUKA KR C2 控制系统,如图 4-27 所示,它可降低集成、保养和维护方面的费用。

　　该机器人的示教器用于机器人的编程和控制,具备 6D 鼠标、彩色显示屏、急停按钮、多种坐标系和运行模式等,如图 4-28 所示。

　　除了机器人标准配置外,机器人还须配置专用软件包,可用于机器人和外部设备的连接、控制等。该系统采用 Profinet 现场总线,可以提供设备通信协议,实现各设备通信功能,可作为 PLC 等设备通信协议。

　　2) 激光熔覆头

　　激光熔覆头如图 4-29 所示,其中的激光级光学模块化设计,可根据应用需求,装配成直光路或弯折光路。超高透光激光能量透射率≥99.5%。

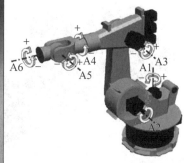

图 4-28　示教器

3）光纤激光器

图 4-30 所示为光纤激光器，它有较高的光电转换效率、更低的功耗和更高的光束质量。光纤激光器结构紧凑，可随时使用。由于其柔性的激光输出方式，能够方便地与系统设备进行集成。

图 4-29　激光熔覆头　　　　图 4-30　光纤激光器　　　　图 4-31　送粉器

4）送粉器

送粉器如图 4-31 所示。送粉器是载气输送粉末的气载式送粉器，用于输送粉末状材料。可以输送的粉末粒度直径一般为 $20\sim250\ \mu m$，送粉量误差小于 2%，重复送粉量误差小于 1%。只能使用氩气、氮气、氦气等惰性气体作为载粉气体。

5）旋转变位机

该机器人工作站采用的旋转变位机如图 4-32 所示。该变位机可与机器人实现 7 轴联动，变位机最大承重 2t，夹持最大工件装夹直径 $\phi400\ mm$，主轴最高转速 $50\sim60\ r/min$，可装夹工件最大长度 2000 mm。

6）冷水机

冷水机如图 4-33 所示。它为光纤激光器和激光熔覆头降温，控温精度 $(\pm0.5\sim\pm1.0)$ ℃，RS485 通信，工作电压 AC220 V，工作频率 50 Hz，水箱容量 10 L。

图 4-32 旋转变位机

图 4-33 冷水机

7) 气体设备

熔覆气体分为保护气体和输送气体,用于承载粉末和保护隔绝,提高工件表面熔覆质量。气体设备主要包括气瓶和安全阀,如图 4-34 所示。

图 4-34 气体设备

图 4-35 安全围栏

8) 安全围栏

机器人外围安全防护围栏如图 4-35 所示。用于机器人自动工作时保护人员进入,围栏框架和门上装有安全开关,机器人自动运行时开门可急停机器人运行,保护人员安全。

9) 电气控制系统

机器人激光熔覆系统中,电气控制系统用于自动化工作时的控制和保护人员安全,PLC 选用西门子 1200 系列模块,工作站具备自动化控制和安全监控,具有启动、复位、急停等功能。电气控制系统如图 4-36 所示。

4.3.4.3 激光熔覆工艺规范

1) 熔覆层设计

激光熔覆是一个非常复杂的物理过程,除了激光功率及扫描速率,还有光斑直径、熔覆速度、离焦量、送粉速度、预热温度、送粉方式,会对熔覆层的孔隙率、硬度、结合强度、稀释率、冷热疲劳性能和表面粗糙度等有很大影响,须采用合理的控制办法将这些参数控制在激光熔覆工艺允许的范围内。

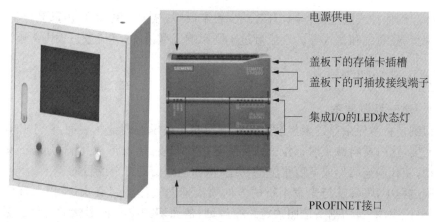

图 4-36 电气控制系统

2) 熔覆主要技术参数

(1) 激光功率。激光功率越大,熔化的熔覆金属量越多。随着激光功率增加,熔覆层深度增加,周围的液体金属剧烈波动,动态凝固结晶,使气孔数量逐渐减少甚至得以消除,裂纹也逐渐减少;若激光功率过小,则工件仅表面涂层熔化,基体未熔,此时熔覆层表面易出现局部起球、空洞等缺陷。

(2) 光斑直径。激光熔覆层宽度主要取决于激光束的光斑直径。光斑直径增加,熔覆层变宽。光斑直径不同,则会引起熔覆层表面能量分布变化,所获得的熔覆层形貌和组织性能有较大差别。通常情况下,采用小的光斑直径,熔覆层质量较好,随着光斑直径的增大,熔覆层质量下降。但光斑直径过小,不利于获得大面积的熔覆层。

(3) 熔覆速度。熔覆速度 V 与激光功率 P 有相似的影响。熔覆速度过高,合金粉末不能完全熔化,未起到优质熔覆的效果;熔覆速度太低,熔池存在时间过长,粉末过烧,合金元素损失,同时基体的热输入量大,会增加变形量。

激光熔覆参数不是独立地影响熔覆层宏观和微观质量,而是相互影响的。激光功率 P、光斑直径 D 和熔覆速度 V 三者的综合作用,提出了比能量 E_s 的概念,即 $E_s = P/(DV)$,比能量即单位面积的辐照能量,可将激光功率密度和熔覆速度等因素综合在一起考虑。比能量减小有利于降低稀释率,同时与熔覆层厚度也有一定的关系。在激光功率一定的条件下,熔覆层稀释率随光斑直径增大而减小,当熔覆速度和光斑直径一定时,熔覆层稀释率随激光束功率增大而增大。另外,随着熔覆速度的增加,基体的熔化深度下降,基体材料对熔覆层的稀释率下降。

熔覆层稀释率可通过熔覆横截面积计算,稀释率是影响熔覆层质量的重要因素。稀释率过低,熔覆层与基体材料的结合性能较差,甚至无法实现冶金结合;稀释率过高,基体材料元素过度稀释熔覆层,极易导致熔覆层产生裂纹、气孔等缺陷。稀释率取值范围在 $10\% \sim 15\%$,熔覆层性能最好。

3) 熔覆层质量

评价熔覆层质量的好坏,主要从两个方面来考虑:一方面从宏观上,考察熔覆道形状、表面平整度、裂纹、气孔及稀释率等;另一方面从微观上,考察是否形成良好的组织,能否提供所需要的性能。

4) 熔覆气体

熔覆气体分为保护气体和输送气体。输送气体用来承载粉末,将粉末顺利输送到熔池中;

而保护气体起到保护或隔绝的作用,有效减少粉末反弹,减少飞溅,对熔池起到保护作用,常用保护气体为氩气、氦气和氮气等。气流量过小则影响成型精度;气流量过大则影响成型质量。

4.4　机器人激光切割技术

4.4.1　激光切割原理

激光切割是将激光束通过聚焦镜聚集成很小的光点投射到金属表面,由于焦点处达到很高的功率密度,这时材料被照射部位很快加热至汽化温度,蒸发形成孔洞,随着光束与材料相对线性移动,使孔洞连续形成宽度很窄的切缝,从而达到切割材料的目的。

在切割过程中,喷嘴从与光束平行的方向喷出辅助气体将熔渣吹走,以保证激光切割质量,在伺服电机驱动下,切割头按照预定路线运动,从而切割出各种形状的工件。激光切割原理和系统组成示意图如图 4-37 所示。

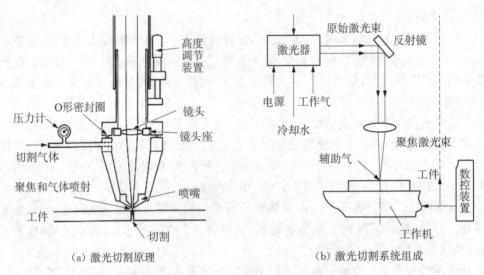

（a）激光切割原理　　　　　　　　（b）激光切割系统组成

图 4-37　激光切割原理和系统组成示意图

与传统切割技术相比,激光切割技术具有独特的优势:激光束聚焦成很小的光点,切边受热影响很小,工件基本没有变形,加工质量高;激光为无接触式加工,没有加工应力,工件无机械变形、无刀具磨损;与机器人技术结合后,切割作业操作更加灵活便捷。

基于上述优势,激光切割加工具有广泛的加工范围,可以切割低碳钢、工具钢、不锈钢、铝和铝合金等金属材料,以及纸板、木材、皮革、玻璃和陶瓷等非金属材料。激光切割加工不仅可以加工不同种类的材料,而且可以加工从薄板到厚板的不同厚度的材料;也可以加工形状简单或复杂的不同形状的零件。

4.4.2　激光切割工艺

4.4.2.1　激光切割类型

激光切割可分为激光汽化切割、激光熔化切割、激光氧气切割、激光划片与控制断裂四种类型。

1）激光汽化切割

激光汽化切割利用高能量密度的激光束加热工件,使温度迅速上升,在极短的时间内达到材料的沸点,材料开始汽化,形成蒸气。这些蒸气的喷出速度较高,在蒸气喷出的同时,在材料上形成切口。由于材料的汽化热很大，所以激光汽化切割时需要很大的功率和功率密度。所需的激光功率密度一般要大于 10^8 W/cm²，并且取决于材料种类、切割深度和光束焦点位置。在板材厚度一定的情况下，如果没有足够的激光功率，那么最大切割速度将会受到气体射流速度的限制。

激光汽化切割多用于极薄金属材料和非金属材料（如纸、布、木材、塑料和橡皮等）的切割。

2）激光熔化切割

激光熔化切割是利用激光加热使金属材料熔化，然后通过与光束同轴的喷嘴喷出非氧化性气体（如 Ar、He、N 等），依靠气体的巨大压力使液态金属排出，形成切口。激光熔化切割对于铁制材料和钛金属可以得到无氧化切口。激光熔化切割产生熔化但达不到汽化的激光功率密度，对于钢材料来说，一般在 $10^4 \sim 10^5$ W/cm²。

激光熔化切割不需要使金属完全汽化，所需能量只有汽化切割的 1/10。激光熔化切割主要用于一些不易氧化的材料或活性金属，如不锈钢、钛、铝及其合金等。

3）激光氧气切割

激光氧气切割原理类似于氧乙炔切割，它采用激光作为预热热源，用氧气等活性气体作为切割气体去切割工件。喷嘴喷出的气体一方面与切割金属作用，发生氧化反应，放出大量的热；另一方面把熔融的氧化物和熔化物从反应区吹出，从而在金属中形成切口。由于切割过程中的氧化反应产生了大量的热，所以激光氧气切割所需要的能量只是熔化切割的 1/2，而切割速度远远大于激光汽化切割和熔化切割。激光氧气切割主要用于碳钢、钛钢及热处理钢等易氧化的金属材料。

4）激光划片与控制断裂

激光划片是利用高能量密度的激光在脆性材料的表面进行扫描，使材料受热蒸发出一条小槽，然后施加一定的压力，脆性材料会沿小槽处裂开。激光划片用的激光器一般为 Q 开关激光器和 CO_2 激光器。控制断裂是利用激光刻槽时所产生陡峭的温度分布，在脆性材料中产生局部热应力，使材料沿小槽断开。

4.4.2.2 激光切割的影响参数

激光切割工艺与激光模式、激光功率、焦点位置、喷嘴高度、喷嘴直径、辅助气体、辅助气体纯度、辅助气体流量、辅助气体压力、切割速度、板材材质、板材表面质量等切割相关的参数有关，如图 4-38 所示。

激光切割需要使用激光割炬（也称割枪）。激光切割大多采用 CO_2 激光切割设备，其主要由激光器、导光系统、数控运动系统、割炬和抽烟系统等组成。激光切割的参数主要包括：

1）激光模式

激光模式对切割质量和生产率影响

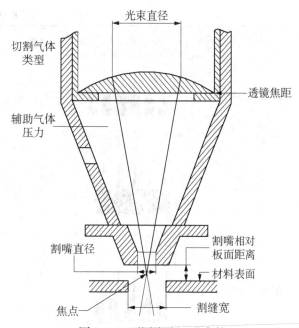

图 4-38　激光切割工艺参数

很大,切割时要求达到材料板表面的模式,这与激光器本身的模式和外光路镜片的质量有直接的关系。激光器有连续运行模式和调制模式两种,它们的应用见表4-2。

表4-2　激光运行模式及其应用

激光模式	图形表示	应用	特点
连续运行模式		低压切割 普通切割 高压切割	用氧气切割结构钢 用氮气切割不锈钢 用氮气切割铝板
调制模式		切角 加速和刹车	激光功率与切割速度相关,可避免切角时烧痕

在连续模式下,激光输出的功率恒定,这使得进入板料的热量比较均匀。这种模式适合于快速切割,一方面可以提高工作效率,另一方面也是避免热量集中、导致热影响区组织恶变的需要。激光器经常运行在连续输出模式,为了获得最佳的切割质量,对于给定的材料,需要调整进给速率,规划好加速、减速和延时。

调制模式的激光功率是切割速度的函数,它可以通过限制各点处的功率,使进入板料的热量保持在相当低的水平,从而防止切缝边缘的烧伤。由于它的控制相对复杂,效率不是很高,一般只在短时段内使用。

在连续输出模式下,往往只通过降低功率是不能够满足切割技术指标要求,还须通过变化脉冲来调整激光功率,具体应用见表4-3。

表4-3　脉冲模式及其应用

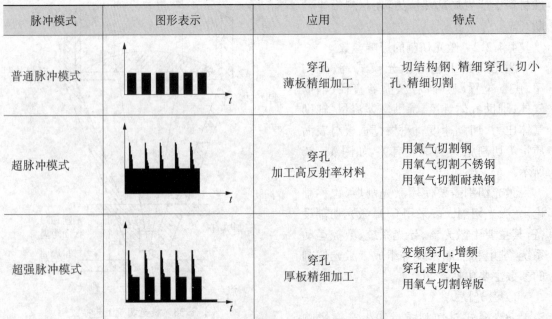

脉冲模式	图形表示	应用	特点
普通脉冲模式		穿孔 薄板精细加工	切结构钢、精细穿孔、切小孔、精细切割
超脉冲模式		穿孔 加工高反射率材料	用氮气切割钢 用氧气切割不锈钢 用氧气切割耐热钢
超强脉冲模式		穿孔 厚板精细加工	变频穿孔:增频 穿孔速度快 用氧气切割锌版

脉冲模式的选择要依据根据材料的特性、结构及加工精度来确定。

2）激光功率

激光切割所需要的激光功率主要取决于切割类型及被切割材料的性质。汽化切割所需要的激光功率最大,熔化切割次之,氧气切割最小。激光功率对切割厚度、切割速度、切口宽度等有很大影响。一般激光功率增大,所能切割材料的厚度也增加,切割速度加快,切口宽度也有所加大。激光输出功率直接影响激光切割机的性能。通常,随着板厚的增加,所需的激光功率也越大。在同种相同厚度板材切割中,激光输出功率越大,切割速度越快,切割端面也越光滑;但在输出功率确定后,切割速度须和材料材质及其厚度相匹配,才能获得最好的切割质量,速度过快和过慢都会影响激光切割的效果。

3）焦点位置

焦点位置即离焦量,它对切口宽度影响较大。一般选择焦点位于材料表面下方约 1/3 扳厚处切割深度最大,且口宽度最小。在激光切割中,焦点位置对材料的切割效果影响很大,不同的材质或厚度,激光切割时对应不同的焦点位置。

切割薄板时,焦点一般在工件表面处;切割厚板时,不锈钢焦点通常深入板内为板厚的 1/4～1/3 处;处于负焦距范围;切割碳钢时,焦点在其板面上方,且随着板厚度的增加焦点越远离板面,处于正焦距范围。焦点位置是一个关键参数,应正确调节焦点位置。激光切割焦点位置与切割面的关系见表 4-4。

表 4-4　激光切割焦点位置与切割面的关系

焦点位置	示意图	特　征
零焦距 （焦点在工件表面）		适用于 5 mm 以下薄碳钢等 （切断面） 焦点在工件上表面,所以切割光滑,下表面则不光滑
负焦距 （焦点在工件表面下）		铝材、不锈钢等工件采用这种方式 （切断面） 焦点在中央,因此平滑面范围较大,切幅比零焦距的切幅宽,切割气体流量较大,穿孔时间较零焦距为长
正焦距 （焦点在工件表面上）		主要用于切割厚钢板。厚钢板切断时,切断用氧气的氧化作用必须从上面到底面。因厚板之故切幅要宽,这样的设定可得较宽的切幅

焦点位置对切割断面的影响如图4-39所示。

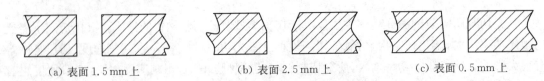

(a) 表面1.5 mm上   (b) 表面2.5 mm上   (c) 表面0.5 mm上

图4-39 焦点位置对切割断面的影响

4) 焦点深度

激光切割中,焦点大小和焦点深度是影响切割效果和效率的重要因素之一。光束经短焦距聚焦镜后光斑直径相对较小、焦深短,焦点处功率密度很高,则有利于高速切割薄型材料,且切割精度高。经长焦距透镜后,焦点有较长的焦深,但焦点直径相对较大;通常,只要具有足够功率密度,就比较适合切割厚工件。

切割较厚钢板时,应采用焦点深度较大的光束,以获得垂直度良好的切割面。焦点深度大,光斑直径也增大,功率密度随之减小,切割速度也降低。要保持一定的切割速度需要增大激光功率。切割薄板宜采用较小的焦点深度,这样光斑直径小,功率密度大,切割速度快。

5) 喷嘴

激光切割喷嘴如图4-40所示。喷嘴形状、喷嘴孔径、喷嘴高度(喷嘴出口与工件表面之间的距离)等都会影响切割的效果。

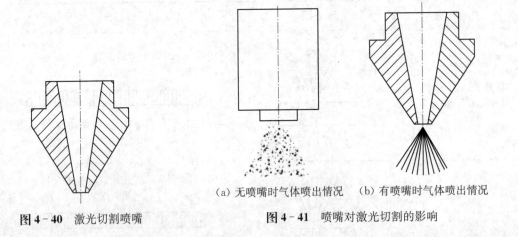

(a) 无喷嘴时气体喷出情况   (b) 有喷嘴时气体喷出情况

图4-40 激光切割喷嘴   **图4-41** 喷嘴对激光切割的影响

喷嘴对激光切割的影响如图4-41所示,主要包括:①防止熔渍等杂物往上反弹,穿过喷嘴,并污染聚焦镜片;②控制气体扩散面积及大小,从而控制切割质量。

喷嘴影响切割品质。喷嘴出口孔中心与激光束的同轴度是影响切割质量的重要因素之一,工件越厚,影响越大。当喷嘴发生变形或有熔渍时,将直接影响激光束的同轴度,进而影响切割质量。喷嘴形状和尺寸的制造精度高,安装时应采用正确的方法。如果喷嘴与激光束不同轴,那么将对切割质量产生如下影响:

(1) 对切割断面的影响。同轴度对切割断面的影响如图4-42所示,当辅助气体从喷嘴吹出时,如果气量不均匀,就会出现一边有熔渍、另一边没有的现象。对切割3 mm以下薄板时,它的影响较小;切割3 mm以上厚板时,影响较严重,有时无法切透。

（2）对尖角的影响。工件有尖角或角度较小时，容易产生过熔现象，厚板则可能无法切割。

（3）对穿孔的影响。穿孔不稳定，时间不易控制，对厚板会造成过熔，且穿透条件不易掌握。对薄板影响较小。

6）喷嘴孔径

喷嘴孔径大小对切割质量和穿孔质量有关键性的影响，见表4-5。如果喷嘴孔径过大，那么切割时四处飞溅的熔化物，可能穿过喷嘴孔，从而溅污镜片。孔径越大，溅污镜片概率越高，对聚焦镜保护效果就越差，镜片寿命也就越短。

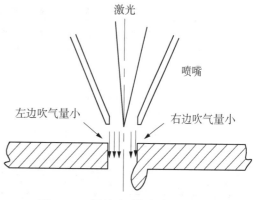

图4-42 同轴度对切割断面的影响

表4-5 喷嘴孔径影响

喷嘴孔径	气体流速（量）	熔融物去除能力
小	快	大
大	慢	小

不同喷嘴孔径的应用示例见表4-6。

表4-6 喷嘴 $\phi 1$ 和 $\phi 1.5$ 的差异

喷嘴直径/mm	薄板（3 mm 以下）	厚板（3 mm 以上）切割功率较高，散热时间较长，切割时间亦较长
$\phi 1$	切割面较细	气体扩散面积小，不太稳定，基本可用
$\phi 1.5$	切割面会较粗，转角地方易有溶渍	气体扩散面积大，气体流速较慢，切割时较稳定

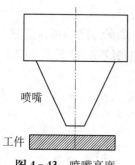

图4-43 喷嘴高度

7）喷嘴高度

喷嘴高度是指喷嘴出口与工件表面之间的距离，如图4-43所示。喷嘴高度设定范围为0.5~4.0 mm，切割时喷嘴高度常用区间为0.7~1.2 mm，过低会导致喷嘴碰撞到工件表面；过高则会降低辅助气体的溶度和压力，造成切割质量下降。打孔时喷嘴高度要比切割时略高，设定在3.5~4 mm，这样可有效防止打孔时所产生的飞溅物污染聚焦镜。

喷嘴的结构形状也影响激光切割质量和效率。常用的喷嘴形状有圆柱形、锥形、方形等。激光切割一般采用同轴（气流与光轴同心）喷嘴，如果气流与光轴不同轴，那么在切割时易产生大量的飞溅。为保证切割过程的稳定性，通常要减小喷嘴端面与工件表面的距离，一般为0.5~2.0 mm，以便切割顺利进行。常用金属材料的激光切割工艺参数见表4-7。

表 4-7 常用金属材料的激光切割工艺参数

材料	厚度/mm	辅助气体	切割速度/(cm/min)	激光功率/kW
低碳钢	1.0	O_2	900	1 000
	1.5		300	300
	3.0		200	300
	6.0		100	1 000
	16.2		114	4 000
	35		50	4 000
30CrMnSi	1.0	O_2	200	500
	3.0		120	500
	6.0		50	500
不锈钢	0.5	O_2	450	250
	1.0		800	1 000
	1.6		456	1 000
	3.2		180	500
	4.8		400	2 000
	6.0		80	1 000
	6.3		150	2 000
	12		40	2 000
钛合金	3.0	O_2	1300	250
	8.0		300	250
	10.0		280	250
	40.0		50	250

8）切割速度（图 4-44）

如果切割速度过快，就可能造成以下后果：①无法切透，火花乱喷；②有些区域可以切透，但有些区域无法切透；③整个断面较粗，但不产生熔渍；④切割断面呈斜条纹路，且下半部产生熔渍。

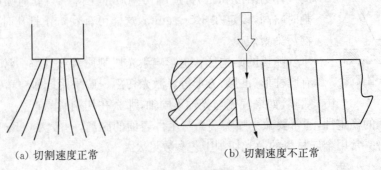

（a）切割速度正常   （b）切割速度不正常

图 4-44 切割速度的影响

　　如果切割速度太慢,就可能造成以下后果:①过熔,切断面较粗糙;②切缝变宽,尖角部位整个熔化;③影响切割效率。从切割火花判断进给速度可否增快或减慢,如图 4 - 44a 所示为切割速度正常时火花由上往下扩散的情况,切割面呈现较平稳线条,且下半部无熔渍产生。切割速度不正常时,若切割速度过快,则切割火花倾斜;若切割速度过慢,则切割火花呈现不扩散性,且凝聚在一起,如图 4 - 44b 所示。

　　9)切割辅助气体

　　(1)辅助气体的作用及影响。激光切割时,辅助气体有助于散热及助燃,吹掉熔渍,改善切割面品质。

　　① 气体压力不足时,对切割的影响包括:切割面产生熔渍;切割速度无法增快,影响效率。

　　② 气体压力过高时,对切割质量的影响为:气流过大时,切割面较粗,且缝较宽,造成切断部分熔化,无法形成良好的切割质量。

　　③ 辅助气体对穿孔的影响包括:气体压力过低时,不易穿透,时间增长;气体压力太高时,造成穿透点熔化,形成大的熔化点。

　　(2)辅助气体的选择。选择切割辅助气体的种类和压力时,可以从以下几方面考虑:

　　① 氧气切割。一般使用氧气切割普通碳钢,低压打孔,高压切割。

　　② 空气切割。一般使用空气切割非金属,低压和高压的压力可调为一样,打孔时间设为 0。

　　③ 氮气切割。一般使用氮气切割不锈钢等,低压氧气打孔。

　　气体纯度越高,切割质量越好。切割低碳钢板纯度至少 99.6% 以上,切割 12 mm 以上碳钢板建议氧气纯度 99.9% 以上。切割不锈钢板氮气纯度应达到 99.6% 以上。氮气纯度越高,切割断面质量越好。如果切割用的气体纯度不高,就会影响切割的质量,而且会造成镜片的污染。

　　对于切割有机玻璃时的辅助气体,因有机玻璃属于易燃物,为了得到透明光亮的切割面,所以选用氮气或空气阻燃。如果选用氧气,那么切割质量不高。

　　以 CP4000 激光器为例,其典型切割工艺参数见表 4 - 8 ~ 表 4 - 10。

表 4 - 8　CP4000 激光器碳钢切割参数

厚度 /mm	穿孔时间 /ms	切割速度 /(mm/min)	激光模式	激光功率 /W	辅助气体	气体压力 /bar	喷嘴高度 /mm	焦点位置 /mm	引入切割速度/%	延时 /ms
1.2	50	5 080	CW	1 200	O_2	1.4	1.2	0.0	0	0
3.0	800	2 667	CW	1 200	O_2	1.2	1.2	0.2	0	200
4.0	1.600	2 413	CW	1 500	O_2	1.0	1.2	0.3	0	600
6.4	2.000	1 651	CW	1 500	O_2	0.8	2.0	0.5	0	600
7.5	3.200	1 524	CW	1 800	O_2	0.7	2.0	1.0	0	800
12.7	6.200	1 067	CW	2 100	O_2	0.5	2.0	2.4	90	1 000
14.7	7.700	889	CW	2 400	O_2	0.5	2.0	2.4	95	1 500
19.1	14.200	711	CW	3 200	O_2	0.4	2.0	3.2	95	2 000

表 4-9　CP4000 激光器不锈钢切割参数

厚度/mm	穿孔时间/ms	切割速度/(mm/min)	切割速度/(mm/min)	激光模式	激光功率/W	辅助气体	气体压力/bar	喷嘴高度/mm	焦点位置/mm	引入切割速度/%	延时/ms
1.2	20	6 350	10 160	CW	2 000	N₂	6.0	0.8	−0.5	100	0
2.0	40	4 572	6 350	CW	2 000	N₂	8.0	0.8	−1.0	100	0
4.3	400	2 794	3 048	CW	4 000	N₂	14.0	0.8	−3.0	50	400
6.4	500	2 032	2 159	CW	3 700	N₂	15.0	0.8	−5.2	50	500
8.4	1 000	1 524	1 524	CW	4 000	N₂	19.0	0.8	−6.0	50	750
9.5	1 500	1 118	1 270	CW	3 700	N₂	19.0	0.8	−7.0	50	750
12.0	2 000	500	500	CW	4 000	N₂	22.0	0.4	−12.0	50	750

表 4-10　CP4000 激光器铝合金(AlMg₃)切割参数

厚度/mm	厚度/in	穿孔时间/ms	切割速度/(in/min)	切割速度/(mm/min)	切割速度/(mm/min)	激光模式	激光功率/W	辅助气体	气体压力/bar	喷嘴高度/mm	焦点位置/mm	引入切割速度/%	延时/ms
1.6	0.06	50	250	6 350	10 160	CW	2 000	N₂	6.0	0.8	−0.5	100	0
3.2	0.13	400	140	3 556	3 556	CW	4 000	N₂	12.0	0.8	−1.8	100	0
6.4	0.25	500	50	1 270	1 524	CW	3 500	N₂	14.0	0.8	−5.5	50	500

4.4.3　机器人激光切割系统实例

激光切割系统是指以激光为核心加工工具的现代化生产系统,它通常集激光光源、机械运动部件、电气控制部件、工装夹具和通风除尘设备等于一体,具有高度集成化、结构紧凑、生产效率高和生产工艺好等特点。

机器人激光切割主要利用了工业机器人灵活快速的优势。根据加工工件尺寸的大小不同,可以选择将机器人正装或吊装对不同产品、不同轨迹进行示教编程或离线编程。在机器人第 6 轴安装激光切头,可以对不规则工件进行切割。

4.4.3.1　激光切割作业要求

1) 切割结构图纸

拟加工的一个典型零件,激光切割要求如图 4-45 所示。

2) 激光切割技术要求

(1) 切割速度不小于 30 mm/s。

(2) 材料的表面不得有锈蚀点、氧化皮等缺陷。

(3) 加工件的平面度不应大于 0.05%。

(4) 轮廓尺寸误差不得大于 0.5 mm。

4.4.3.2　机器人激光切割工艺

激光切割是利用光能经过透镜聚焦后,得到功能密度极高的激光束,照射到工件的被加工部位进行加工的一种方法。割嘴与切割工件表面的距离是决定切口质量和切割速度的主要

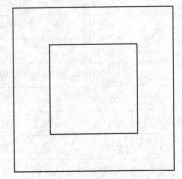

边长 500 mm、厚度 5 mm 的正方形不锈钢,在其中心线位置切割 250 mm 正方形

图 4-45　激光切割要求

因素之一。光纤激光切割机除了根据切割情况选择适合的割嘴型号及气压参数外,对切割头与工件之间的高度也需要根据切割材料的厚度适当增减。

4.4.3.3　机器人激光切割系统组成

机器人激光切割工作站主要由激光切割机器人、激光切割头、调高器、激光主机、冷水机、工装夹具、安全围栏和电气控制系统等组成,如图 4 - 46 所示。

图 4 - 46　机器人激光切割工作站布局图

1) 激光切割机器人

工作站配置库卡 KR20 R1810 - 2 作为激光切割机器人,如图 4 - 47 所示,它由机器人本体、控制柜、示教器和线缆组成,机器人具有 6 自由度、负载 10 kg、臂展 1420 mm。该机器人最后一个轴的机械接口,通常是一个连接法兰,用于安装激光头。

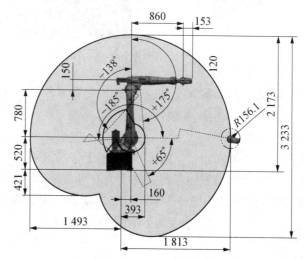

(a) KR20 R1810 - 2 机器人本体　　　　　(b) KR20 R1810 - 2 机器人工作空间

图 4 - 47　工作站配置库卡 KR20 R1810 - 2 作为激光切割机器人

与 KR20 R1810 - 2 相配的控制系统为 KUKA KR C4 compact,如图 4 - 48 所示。该控制系统可降低集成、保养和维护方面的费用,同时,由于通用的开放式工业标准,保持了系统的效

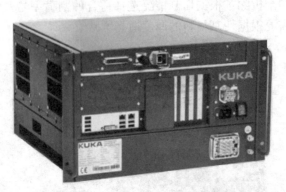

图 4-48　KUKA KR C4 compac 控制系统

率和灵活性。

示教器为 KUKAsmartPAD,用于机器人的编程和控制,具备 6D 鼠标、彩色显示屏、急停按钮、多种坐标系和运行模式等,如图 4-49 所示。

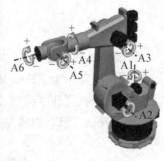

图 4-49　KUKAsmartPAD 示教器

除了机器人标准配置外,机器人还须配置专用软件包,用于机器人和外部设备的连接、控制等。

2)激光切割头

激光切割头如图 4-50 所示,它适用于多功能板管一体设备、薄/厚板切割,为产品划线利器。材质为有色金属及金属材料。独有整体水冷,模块结构完全封闭,解决光学镜片受到灰尘污染问题。最大功率:3 000 W;垂直调焦范围:±10 mm。

3)调高器

调节激光切割头的高度,满足在不同材料、不同切割方式情况下的光纤激光切割头应用。

4)激光主机

激光主机如图 4-51 所示,它主要产生用于加工的激光束,由电源、激光发生器、控制系统等组成。

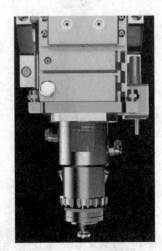

图 4-50　激光切割头

图 4-51   激光主机

图 4-52   冷水机

5）冷水机

系统采用水冷,冷水机如图 4-52 所示,它为激光器和激光头降温,控温精度(±0.5～±1.0)℃,RS485 通信,工作电压 AC220 V,工作频率 50 Hz,水箱容量 10 L。

6）工装夹具

工装表面配备了一个通用柔性夹具平台,配合锁紧销、压紧器、V 形块、压板等工具,可实现多种工件夹紧,如图 4-53 所示。

图 4-53   工装夹具

图 4-54   安全围栏

7）安全围栏

机器人外围安全防护围栏如图 4-54 所示。用于机器人自动工作时保护人员进入,围栏框架和门上装有安全开关,机器人自动运行时开门可急停机器人运行,保护人员安全。

8）电气控制系统

电气控制系统用于自动化工作时的控制和保护人员安全,如图 4-55 所示。该系统的 PLC 选用西门子 1200 系列模块,工作站具备自动化控制和安全监控,具有启动、复位、急停等功能。

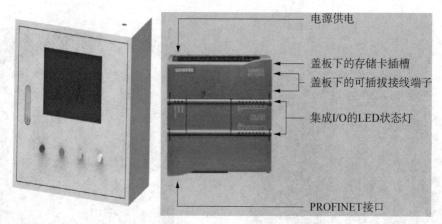

图 4‑55　电气控制系统

机器人激光切割工作站系统配置见表 4‑11。

表 4‑11　机器人激光切割工作站系统配置

序号	子系统	厂商	序号	子系统	厂商
1	光纤激光器	德国 IPG	6	往复式交互台	定制
2	冷水机	中国同飞	7	激光防护房	定制
3	机器人	日本 YASKAWA	8	除尘过滤系统	美国唐纳森
4	激光切割头	德国 PRECITEC	9	离线软件	日本安川 MotosimEG‑VRC
5	旋转式交换台	定制	10	上位控制系统软件	美国 MASTERCAM

机器人激光切割系统包括机器人、激光、冷却、除尘、辅助控制等子系统。

工作站模拟激光切割的过程是通过现场示教编程完成机器人的动作程序,使机器人末端工具激光切割头沿着活塞上的切割轨迹点位进行切割。切割轨迹点位相对来说比较复杂,示教点比较多,可能会造成切割误差,也可以直接通过离线编程软件进行模型导入,进行机器人轨迹规划生成软件。

4.4.4　激光切割作业安全防护

4.4.4.1　激光切割作业危害

激光切割作业中,激光器输出功率和能量非常高,脉冲激光为几焦耳至几百焦耳。激光设备中有数千伏至数万伏的高压激励电源,会对人体造成伤害。激光切割过程中应特别注意激光的安全防护,重点的防护对象是眼睛和皮肤,此外,还应注意防止火灾和电击等。

1) 对眼睛的伤害

激光的亮度比太阳高数十个数量级,会对眼睛造成严重损伤。眼睛受到激光直接照射,会由于激光的加热效应造成视网膜烧伤,可瞬间使人致盲,后果非常严重。即使是小功率的激光,也会由于人眼的光学聚焦作用,引起眼底组织的损伤。

在激光切割时,工件表面会对激光发生反射。强反射的危害程度与直接照射时相差无几,而漫反射光会对眼睛造成慢性损伤,造成视力下降等后果。所以,在激光切割时人眼是应该重点保护的对象。

2) 对皮肤的伤害

皮肤受到激光的直接照射会造成烧伤,特别是聚焦后,激光功率密度十分大,会造成严重烧伤。长时间受紫外线、红外线漫反射的影响,可能导致皮肤老化、炎症和皮癌等病变。

3) 电击

激光束直接照射或强反射,会引起可燃物的燃烧而导致火灾。激光器中还有着数千伏至数万伏的高压,存在着电击的危险。

4) 有害气体

激光切割时,材料受激光加热而蒸发、汽化,产生各种有毒的金属烟尘。高功率激光加热时,形成的等离子体会产生臭氧,对人体有一定损害。

4.4.4.2 激光切割作业安全防范规范

激光工作站的设计安全需要考虑四个方面:危害的识别和分析、对应的防护措施设计、防护措施的评估,以及用户的指导与信息告知。

1) 危害的识别和分析

常见的危害类型包括机械危害、电气危害、激光及激光伴随的辐射危害、激光和加工材料作用产生的有毒有害物质危害等。生产作业应该按照产品设计的特点,结合考虑设备在使用过程中可能产生的情况,来分析和识别可能的危害类型及严重程度。比如,一台激光焊接设备在调试的过程中,可能会使人员受到激光辐射;也要考虑可能加工的材料类型,比如用加工铁板的激光切割机来加工塑料材料,会产生完全不同类型的有害物质,同时激光工作站的排风除尘设备、所需时间及进气量都不同。

2) 防护措施设计和评估

对于激光加工作业,相应的防护措施都要有据可依,并且符合国家安全规范要求。比如一个激光焊接工作站,需要针对激光辐射危害设计完整的激光防护屏。防护屏需要在任何正常或异常使用条件下,耐受内部激光源的直接辐射,并在一定时间内保证人员的安全,它的设计和材料的使用需要符合 IEC/EN 60825-4 或同等内容标准的要求。

表 4-12 给出激光工作站中常见的危害类型、采取的防护措施及防护措施的评估依据和参考标准,生产企业可以依据这些标准进行产品设计。

表 4-12 激光工作站中常见的危害类型、采取的防护措施及防护措施的评估依据和标准

危害类型	防护措施	评估依据和标准
机械危害	防护屏 限制人员接触区域 限位互锁	CE 机械指令:2006/42/EC EN ISO 12100:2010(机械安全 一般设计原则 风险评价和风险降低)
电气危害	设计符合电气安全标准	CE 低电压指令:2014/35/EU 适用标准:EN 60204-1(机械安全 机械电气设备 第1部分:通用要求)
功能安全漏洞	功能安全设计指导	IEC 61508(电气/电子/可编程电子安全系统的功能安全) ISO 13849-1:2015(机械安全 相关控制系统设计方法)

（续表）

危害类型	防护措施	评估依据和标准
激光辐射	限制区域 激光辐射警告 主动、被动防护屏	IEC/EN 60825-1（激光产品安全要求） IEC/EN 60825-4（激光防护屏） EN 207（激光防护玻璃）
加工材料和物质产生的危害	告知加工材料和配合使用物质类型 定义危害物质的限值 配备个人防护措施 排气、排烟、空气净化、消防等	ISO 11553-1:2020（激光加工设备-通用安全要求） 各地职业健康检查管理要求 企业 HSE 要求
忽略人体工程学特性导致的危害	人机工程学设计指导	人机工程学通用要求
热危害	限制区域 高温警告 防护屏	EN 563:2000 可接触表面的温度对热表面建立温度起始值的人类工程学数据
振动	隔震	ISO 2631 系列标准:机械振动和冲击要求
噪声	降低工作环境噪声 戴耳机	ISO 11553-3（激光加工设备噪声测量和标准）
温度	满足产品设计要求	产品规格要求
湿度	满足产品设计要求	产品规格要求
外部冲击/振动	满足产品设计要求	产品规格要求
使用环境产生的蒸气、粉尘、气体	满足产品设计要求	产品规格要求
电磁辐射、电磁干扰	设计符合电磁兼容要求	CE 电磁兼容指令:2014/30/EU
供电电源干扰、波动	满足产品设计要求	产品规格要求
硬件、软件不完全兼容	实践中不断整改完善	特别要求

　　激光切割生产系统结构复杂,光、机、电危害并存,安全设计有时会相互影响,因此最终的产品需要严格依据相关标准进行检验,以符合所有安全规范。总之,激光切割系统只有经过严格的系统安全评估,并在应用过程中按照操作流程作业,才能够发挥其优势,保证企业生产安全稳定。

参考文献

[1] 曹凤国.激光加工[M].北京:化学工业出版社,2015.
[2] 谢冀江,郭劲,刘喜明.激光加工技术及其应用[M].北京:科学出版社,2012.

思考与练习

1. 简述激光加工原理及激光加工系统组成。

2. 以汽车制造业为例,说明机器人激光焊接原理、机器人激光焊接工艺及机器人激光焊接工作站组成。

3. 以汽车制造业为例,说明机器人激光熔覆原理、机器人激光熔覆工艺及机器人激光熔覆工作站组成。

4. 以汽车制造业为例,说明机器人激光切割原理、机器人激光切割工艺及机器人激光切割工作站组成。

第 5 章

机器人喷涂技术

◎ 学习成果达成要求

1. 掌握空气喷涂原理、空气喷涂设备的组成及空气喷涂工艺。
2. 掌握静电喷涂原理、静电喷涂设备的组成及静电喷涂工艺。
3. 掌握无气喷涂原理、无气喷涂设备的组成及无气喷涂工艺。
4. 掌握涂胶原理、涂胶设备的组成及涂胶工艺。
5. 了解机器人空气喷涂系统的组成和功能。
6. 了解机器人静电喷涂系统的组成和功能。
7. 了解机器人无气喷涂系统的组成和功能。
8. 了解机器人涂胶系统的组成和功能。

«««

喷涂主要包括空气喷涂、静电喷涂、旋杯喷涂和无气喷涂等类型。喷涂作业生产效率高，适用于工业自动化生产，应用于塑胶、军工、船舶等领域，是现今应用最普遍的一种涂装方式。喷涂设备包括喷枪、喷漆室、供漆室、固化炉/烘干炉、喷涂工件输送作业设备、消雾及废水和废气处理设备等。机器人喷涂是一种自动化喷涂方式，它将喷涂技术与工业机器人技术相融合，充分利用喷涂机器人柔性大、工作范围大、易于操作和维护、可离线编程等优势，提高喷涂质量、材料使用率及设备利用率。本章系统介绍空气喷涂原理、无气喷涂原理和静电喷涂原理；并以此为基础，介绍机器人空气喷涂工作站、机器人无气喷涂工作站和机器人静电喷涂工作站的组成及其应用。

5.1 机器人空气喷涂技术

5.1.1 空气喷涂原理

空气喷涂原理如图 5-1 所示，它是利用压缩空气使涂料喷涂成细小的雾滴，并在气流带动下喷涂到工件表上形成涂层的一类涂装方法。空气喷涂包括传统空气喷涂、高流量低压力(high volume low pressure, HVLP)喷涂等方式。

1) 空气喷涂的主要优点

(1) 与手工涂装相比较，涂膜表面均匀、平整光滑、涂膜质量高、装饰性好。

(2) 对于结构形状复杂零件、不规则零件、带有缝隙及小孔的物面、倾斜或凸凹不平的零部件、大型零部件均有较好的涂装效果。

（3）与手工喷涂相比，生产效率高、适应性强、应用范围广，省时、省力。

（4）对于快干、挥发性涂料如硝基漆、过氯乙烯漆等，也有理想的涂饰效果。

（5）对氨基烘干漆等也能获得丰满度较好的漆膜质量。

2）空气喷涂的主要缺点

（1）喷涂材料浪费大，在喷涂过程中大约 10% 的漆雾将随空气的扩散而浪费掉。

（2）喷涂所用的涂料需要添加一定的稀料进行调稀，如喷涂硝基漆，通常须使用该漆容量 1 倍的稀料进行调稀，故溶剂使用量较大。

（3）由于一道喷涂产生的漆膜厚度有限，如喷涂硝基漆通常须连续 3～5 道才能获得较厚的漆膜。

（4）喷涂作业现场漆雾飞扬，溶剂的挥发污染环境严重，并对人体有一定的危害，故应在专用的喷漆室施工。

（5）喷涂作业环境若通风不良、气雾太浓时易引起火灾甚至爆炸事故，须加强安全防范措施。

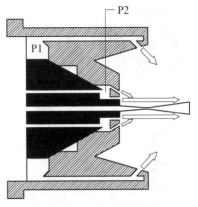

P1—涂料口；P2—压缩空气口

图 5‑1 空气喷涂原理

5.1.2　空气喷涂设备

空气喷涂设备主要由空气压缩机、油水分离器、喷枪、空气胶管、排风系统及输漆罐等组成，如图 5‑2 所示。

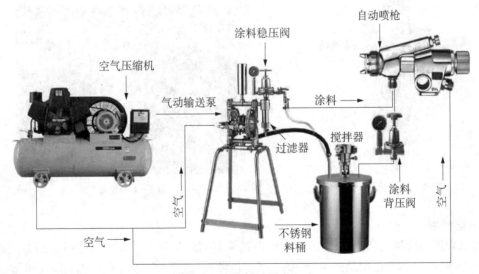

图 5‑2 空气喷涂设备组成

1）空气压缩机

空气压缩机如图 5‑3 所示，它是气源装置中的主体，是压缩空气的气压发生装置。喷涂作业时，空气压缩机产生压缩空气供喷涂使用。空气压缩机的压力可达 0.7 MPa（空载），空气

图 5-3　空气压缩机

压缩机的容量要根据喷枪空气消耗量决定。喷涂作业过程中应保证任一喷枪的喷涂压力始终保证在 0.35~0.6 MPa。

　　压缩空气与涂料的混合方式包括内部混合和外部混合两种,如图 5-4 所示。压缩空气与涂料内部混合是指涂料和压缩空气进入喷嘴以前完成混合;而外部混合是指压缩空气与涂料进入喷枪以后实现混合。这两种混合方式各有优缺点。

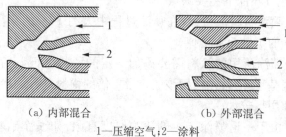

（a）内部混合　　　　　　（b）外部混合

1—压缩空气;2—涂料

图 5-4　压缩空气与涂料的混合方式

2) 油水分离器

　　喷涂过程中,为了防止压缩空气中的油和水对涂膜的影响,输漆系统还需要配置油水分离器来净化空气,如图 5-5 所示。压缩机产生的压缩空气经过油水分离器过滤后获得清洁的压缩空气供给喷枪,喷涂作业时可防止空气中的水分或油分混入漆膜中造成针孔、气泡或漆膜附着力差等缺陷。

图 5-5　油水分离器

图 5-6　输漆罐

3) 输漆罐

　　可以采用输漆罐或压力供漆筒给喷枪输送涂料,如图 5-6 所示。有些喷枪自带储漆罐（漆壶）,一般可供小批量制品的喷涂供漆;压力供漆筒（或罐）主要用于批量工件或制品的喷涂供漆,通常每罐可成装 50 kg 左右的涂料,可供大面积连续喷涂的涂料供给。

　　在批量喷涂作业时,应配置压力输漆罐,密封的输漆罐应包含搅拌器、热交换器、压缩空气入口、泄压装置、涂料过滤与出口。输漆罐的容积一般在 20~120 L,涂料施加压力在 0.15~0.3 MPa（根据喷枪数量而定）。热交换器用来确定涂料温度,确保施工过程中涂料黏度不变。

4) 喷枪

喷枪的功能是借助压缩空气将涂料雾化并喷涂到被涂物面上。

（1）喷枪分类。喷枪是空气喷涂作业中最关键的部件，它的种类较多，若按雾化方式可分为内部混合喷枪和外部混合喷枪两种。内部混合喷枪的喷雾图形仅限于圆形，适用于小零件和多彩涂料的喷涂，外部混合喷枪的喷雾形状可以调节，对于大、小各种形状的零件的涂饰，一般都采用外部混合式喷枪。喷枪按涂料供给方式可分为吸上式喷枪、重力式喷枪和压送式喷枪三种，如图 5-7 所示。

（a）吸上式喷枪　　　　（b）重力式喷枪　　　　（c）压送式喷枪

图 5-7 喷枪类型

① 吸上式喷枪。靠高速气流在喷嘴处产生的负压吸上涂料并雾化，它的涂料喷出量受涂料黏度和密度的影响较大，也与喷嘴口径大小有关。大口径喷枪虽然出漆量多，但若空气压力不够时，容易产生雾化。漆罐的容量一般都在 1 L 左右，适用于小批量非连续作业。

② 重力式喷枪。漆罐在喷枪上方，涂料靠自身重力流到喷嘴，有高速气流的负压作用，故出漆量一般比吸上式喷枪大。漆罐容积一般为 250～500 ml，喷涂量少，但清洗快捷方便，换色容易。换用高位槽也可以满足大量喷涂作业需要。

③ 压送式喷枪。轻巧灵活，出漆量可根据涂料压力较大幅度地调整，可供多把喷枪同时作业，以满足大量生产作业的需求。

喷枪除了上述几种基本形式外，还有长枪头喷枪、长柄喷枪、无雾喷枪、自动喷枪等，可满足各种特殊的生产作业。

（2）喷枪构造。以吸上式喷枪为例，其典型结构如图 5-8 所示。

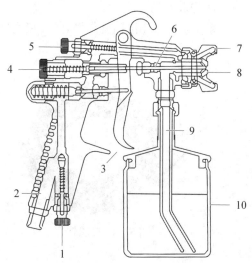

1—气压调整旋钮；2—空气通道；3—扳机；
4—吐出量调整旋钮；5—喷幅调整旋钮；6—针阀；
7—空气盖；8—涂料喷嘴；9—涂料通路；10—涂料杯

图 5-8 吸上式喷枪结构

喷枪由喷头、调节部件和枪体三部分构成。喷头由空气帽、喷嘴、针阀等部分组成，它决定涂料的雾化和喷射形状的改变。调节部件用于调节空气流和涂料喷出量。喷嘴为内、外两个同心圆，构成涂料和空气通道；其内圆为涂料出口，易被高速涂料流磨损，因而采用耐磨合金钢制造。喷嘴内圆和外圆间隙仅约 0.3 mm,由于空气射流激烈,使涂料出口产生负压吸出涂料并被雾化,喷嘴口径在 0.5～5 mm;黏度的着色剂采用 0.5～0.8 mm 口径喷嘴;面漆采用 1.0～1.5 mm 口径喷嘴;底漆、中涂采用 2.0～2.5 mm 口径喷嘴;高黏度涂料则选用 3.0 mm、4.0 mm 或 5.0 mm 口径喷嘴,如塑溶胶、防声浆等黏稠涂料,都应选用大口径喷嘴。

由于各类喷枪的出漆量差别较大,如吸上式喷枪出漆量较小,喷嘴口径应比压送式稍大些。另外,喷枪口径大小对涂料雾化效果及漆膜外观质量影响很大,因此喷涂面漆采用的喷枪口径应比底漆小些,则常用的喷枪口径在 1.0～5.0 mm。喷枪口径选择参考见表 5-1。

表 5-1　喷枪口径选择参考

枪体大小	涂料供给方式	喷嘴口径	出漆量	涂料黏度	适宜产生方式
小型喷枪	吸上式 重力式	1.0 1.2 1.5	小 中 稍大	低 中 中	小件涂饰 小件一般涂饰 小件一般涂饰
	压送式	0.8	任意	中	小件大批量涂饰
大型喷枪	吸上式 重力式	1.5 2.0 2.5	小 中 大	低 中 高	大件涂面漆 大件一般涂饰 大件涂底漆
	压送式	1.2	任意	中高	大件大批量涂饰

5) 橡胶软管

橡胶软管起连接输气作用,如连接空气压缩机、油水分离器和喷枪等,如图 5-9 所示。

图 5-9　橡胶软管

图 5-10　排风系统

6) 排风系统

排风系统即抽风送风装置,如图 5-10 所示。它要经过过滤器为操作间换气,使操作间保持一定的风压,以防气雾残留而污染环境、损害健康。

5.1.3　空气喷涂工艺

以喷漆为例,其典型的喷涂工艺流程为:除油→清洗→除锈→清洗→表调→磷化→清洗→干燥→喷涂→干燥→喷涂质量检查。

1) 除油

(1) 去除黑色金属工件在生产过程中表面的油污,一般可以采用槽浸法除油。碱液清洗配方为氢氧化钠 4%、磷酸钠 4%、磷酸三钠 4%、OP-10 乳化液 0.3%,温度 90～95 ℃,处理时间 5～8 min。处理后检查方法:水洗后用刷帚刷,可用目测判断油污是否去净。

（2）去除有色金属工件表面的油污,可采用槽浸法。采用 KL-13 型除油除锈添加剂处理(该添加剂为白色粉末)。使用浓度:兑水比例 2%;温度大于 5 ℃(如加温处理速度会加快);处理时间 5～10 min;槽液 pH:7。

（3）塑料制品的表面除油,可采用槽浸法。选用 KL-16 型脱蜡除油粉。使用浓度:兑水比例 5%;温度 40～65 ℃;处理时间 5～10 min。

2）清洗

除油后用水清洗零件,以清洗零件表面油污。

3）除锈

采用酸性除锈,去除钢铁表面的锈垢,用槽浸法。酸洗除锈液配方:浓度 31% 的工业盐酸、缓蚀剂 3%。温度:常温。处理时间 3～8 min。处理后检查方法:水洗后目测是否有锈垢存在。

4）清洗

除锈后用水清洗工件。

5）表调

用于磷化前的表面处理,用槽浸法(表调剂为白色粉末)。配槽液时按 1～3 kg/t 的用量慢慢添加,通过搅拌使其溶解。表调剂的工作条件为:pH 7.5～9.5;温度:常温;时间 0.5 min。

6）磷化

用锌系磷化液可以使钢铁表面磷化,采用槽浸法。WF 磷化剂分为 A 剂(配槽剂)、B 剂(补加剂)、C 剂(促进剂)。

（1）槽液配制方法。槽内加水 3/4 体积,按 25～30 kg/t 的量加入 A 剂,然后再用热水溶解的氢氧化钠(按 0.7 kg/t 的用量),最后加水至工作液面,并确认酸度值。在即将开始磷化时,按 0.5～0.7 kg/t 的量加入 C 剂,搅拌均匀待用。

（2）磷化工艺参数。总酸度 18～35 点,游离酸度 0.5～1.5 点,促进剂 2～3 点,温度 35～45 ℃,浸磷时间 5～10 min;检查方法:水洗、干燥后目测磷化膜应呈瓦灰色、结晶细致、无斑点;未磷化到的部位无氧化物等固体沉积物残留于表面,磷化后水洗应彻底,清洗后应迅速干燥。

（3）磷化液管理。磷化液连续使用后总酸度上升,可用水稀释,总酸度下降时,按1.6 kg/t 补加 B 剂可上升 1 点。游离酸度上升时按 0.4 kg/t 加入氢氧化钠可降游离酸度 1点,游离酸度下降可按 6 kg/t 加入 B 剂,游离酸度可上升 1 点。槽液温度过低或 C 剂添加过多或 B 剂补加不足时,游离酸度可能降到 0.4 点以下,出现这种情况时要按 0.9 kg/t 添加 B剂,游离酸度上升 0.1 点,当 C 剂添加过多产生彩色膜时,可搅动或加热让其加快自然挥发。

7）清洗

磷化后用水清洗工件。

8）干燥

磷化、清洗后将待喷漆工件干燥。

9）喷涂

喷涂前需要做好以下准备工作:①选择涂料的品种;②检查涂料的性能;③充分搅匀涂料;④调整涂料黏度;⑤净化过滤涂料;⑥调整涂料颜色。

喷涂时应根据被喷工件的涂饰要求,选择合适的涂料及适当的黏度,再根据涂料的种类、空气压力、喷嘴的大小以及被喷面的需要量来确定,一般技术参数如下:①喷嘴口径为 0.5～1.8 mm;②供给喷枪的空气压力一般为 0.3～0.6 MPa;③喷嘴与被喷面的距离一般以 20～30 cm 为宜;④喷出漆流的方向应尽量垂直于物体表面;⑤操作时每一次喷涂条带的边缘应当重叠在前一次已喷好的条带边缘上(以重叠 1/3 为宜),喷枪的运动速度应保持均匀一致、不应时快时慢。

10) 干燥

(1) 一般采用 ABS(丙烯腈、苯乙烯、丁二烯共聚物)和 PC(聚碳酸酯)等塑料自干漆烘干,烘烤温度为 55～65 ℃,时间为 30～35 min。

(2) 烘干聚合型涂料如氨基漆、丙烯酸漆、环氧树脂漆等,一般烘烤温度为 130～140 ℃,(丙烯酸漆须静止放上 10 min 再进行烘烤)时间 30～35 min。

11) 喷涂质量检查

(1) 检查漆膜的干燥程度,可采用目测或用刀片刮划检查漆膜的厚度;也可以用三菱铅笔划试硬度,应在 3H 左右。

(2) 检查漆膜的附着力,可采用 11 号手术刀片进行划格试验。试验时,将刀片平面垂直于试验表面,用力均匀,进度平稳,纵横垂直切割 4 条划痕至底材表面,形成 9 个小方格,每个小方格的面积为 1 mm²;用刷帚沿方格阵两对角线方向轻轻地往返 5 次,观察漆膜的脱落情况。也可采用非破坏性的附着力测定方法进行检测,具体方法是:用压敏胶的胶带,将它胶黏在漆膜表面,然后用手拉开以检查其附着力。

(3) 检查涂层的颜色、光泽和表面状态。颜色和光泽目测应符合标准要求,用测光仪测定光泽;检查漆面应无粘附砂料或灰尘,光色是否均匀,无皱纹、气泡、裂痕、胶皮、流挂、斑点、针孔、渗色或缩孔现象。

5.1.4 机器人空气喷涂系统实例

机器人喷涂属于自动喷涂的一种类型。典型的空气喷涂机器人工作站主要由喷涂机器人、机器人控制系统、供料系统、自动喷枪/旋杯、喷房、防爆吹扫系统等组成,如图 5-11 所示。

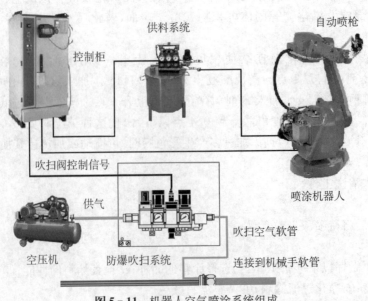

图 5-11 机器人空气喷涂系统组成

　　喷涂系统中的供漆系统主要由涂料单元控制盘、气源、流量调节器、齿轮泵、涂料混合器、换色阀、供漆供气管路及监控管线组成,如图 5 - 12 所示。

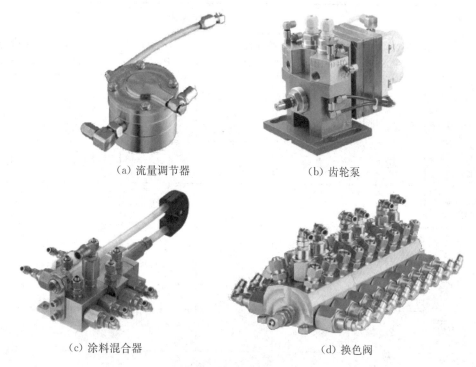

（a）流量调节器　　　　　　　　（b）齿轮泵

（c）涂料混合器　　　　　　　　（d）换色阀

图 5 - 12　供漆系统组成

　　机器人喷涂用的喷枪属于专用的自动控制喷枪,其典型的喷枪类型如图 5 - 13 所示。

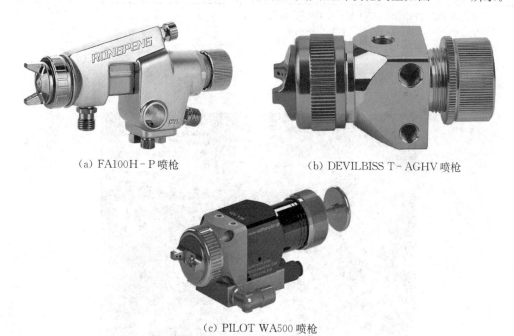

（a）FA100H - P 喷枪　　　　　　（b）DEVILBISS T - AGHV 喷枪

（c）PILOT WA500 喷枪

图 5 - 13　机器人喷涂用自动喷枪类型

以 FA100H‐P 喷枪为例,其特点和应用见表 5‐2。

表 5‐2 FA100H‐P 喷枪特点及应用

区分	空气阀内置					
形式	FA100H‐P082	FA100H‐P10L	FA100H‐P10S★	FA100H‐P102	FA100H‐P13U★	FA100H‐P15
涂料喷嘴形式	F100					
涂料供给方式	压送式		压送式(重力式)	压送式	压送式(重力式)	压送式
涂料喷嘴口径/mm	0.8	1.0	1.0	1.0	1.3	1.5
喷涂空气压力/MPa	0.29	0.26		0.29		0.34
空气用量/(L/min)	270	425	110	270	210	290
涂料喷出量/(ml/min)	200	350	110	350	185	620
有效喷涂范围/mm	220	290	140	260	180	280
主体重量/g	520					
用途	小型喷涂用	小件低黏度/面层喷涂用	小型喷涂用	小型喷涂用		中型喷涂用

注:1. 涂料黏度以瓷漆为标准,明治 V1 形黏度杯,测量时间 22 s。
　　2. 压送压力小形为 0.08 MPa,大形为 0.1 MPa。
　　3. 标有★符号的数值为重力式的测量值。

一个典型的机器人汽车轮毂喷涂如图 5‐14 所示。

图 5‐14 机器人汽车轮毂喷涂

5.2 机器人无气喷涂技术

5.2.1 无气喷涂原理

无气喷涂是利用柱塞泵、隔膜泵、增压泵将液体状的涂料增压,然后经高压软管输送至无气喷枪,最后在无气喷嘴处释放、瞬时雾化后喷向被涂物表面,形成涂膜层。高压无气喷涂的原理如图 5-15 所示。由于涂料里不含有空气,所以被称为无空气喷涂。

在无气喷涂过程中,高压泵对涂料施加高压(通常为 11~25 MPa),使涂料从喷嘴喷出。涂料离开喷嘴的瞬间,以高达 100 m/s 的速度与空气发生激烈对撞,使涂料破碎成微粒。涂料微粒的速度未衰减前,继续向前不断与空气多次冲撞,涂料微粒不断被粉碎,从而实现涂料的雾化,并粘附在工件的表面。

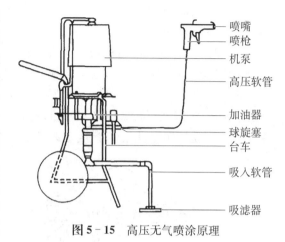

图 5-15 高压无气喷涂原理

高压无气喷涂具有以下特点:

(1)涂层表面质量高。高压无气喷涂将涂料加压喷雾化成细小的微粒,使其均匀地分布于工件表面,使乳胶漆在形成光滑、平顺、致密的涂层。

(2)喷涂效率高。高压无气喷涂的喷涂效率高达 300~500 m²/h,节省人力成本。

(3)涂料附着强度大。高压无气喷涂采用高压喷射雾化使涂料微粒获得高动能,涂料微粒借此动能射达孔隙之中,因而使涂层更致密,与基体材料的机械咬合力增强,附着力提高,有效延长涂层寿命。

(4)节省涂料。高压无气喷涂工艺,涂层厚度均匀,有效利用率高,相对其他涂装方式可节约涂料 15%~25%。

(5)适用涂料范围广。能喷涂较高黏度涂料,无须过度加水;尤其擅长高档内墙用涂料的施工。

无气喷涂机可喷涂不同黏度的涂料,这种工艺发出 3 000 psi(1 psi≈6.895 kPa)的高压,连续高速雾化涂刷于各种工件表面形成涂层。

5.2.2 无气喷涂设备

无气喷涂设备一般由动力源、高压泵、蓄压过滤器、输漆管道、涂料容器和喷枪等组成,如图 5-16 所示。

1)动力源

涂料加压的高压泵的动力源有压缩空气驱动、电力驱动、柴油机驱动三种,一般采用压缩空气驱动,操作简单、安全。压缩空气作动力源的装

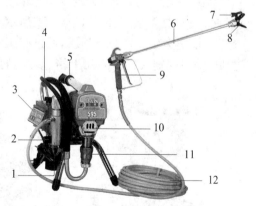

1—泵浦过滤器;2—回流阀;3—压力显示屏;4—吸料管回流管;5—提手;6—加长杆;7—喷嘴;8—喷嘴座;9—精品喷枪;10—加油孔;11—特种不锈钢泵体;12—高压管

图 5-16 无气喷涂设备组成

置包括空气压缩机(或储气罐)、压缩空气输送管道、阀门、油水分离器等。

2) 喷枪

无气喷枪由枪体、喷嘴、过滤器、扳机、密封垫、连接件等组成。无气喷枪只有涂料通道,没有压缩空气通道,并要求涂料通道有优异的密封性和耐高压性,不泄漏加压后的高压涂料,枪体要轻巧,扳机启闭方便,操作要灵活。

无气喷枪有手持式喷枪、长杆式喷枪、自动喷枪等多种类型。手持式喷枪结构轻巧,操作方便,可用于固定和不固定场合的各种无气喷涂作业。

图5-17为手持式无气喷枪,其喷枪杆长0.5~2 m,喷枪前端有回转机构,可做90°的旋转,适用于大型零件的喷涂。自动喷枪的启闭由喷枪尾部的气缸控制,喷枪的移动由自动线的专用机构自动控制,适用于涂装自动线的自动喷涂。

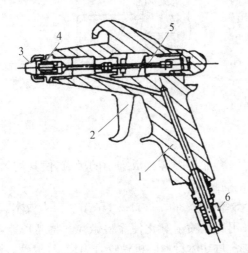

1—枪体;2—扳机;3—喷嘴;4—过滤器;5—顶针;6—涂料高压管接头

图5-17　手持式无气喷枪结构

3) 高压泵

高压泵按工作原理分为复动型和单动型。按动力源分为气动高压隔膜泵、电动高压隔膜泵、油压变量柱塞泵三种,如图5-18所示。气动高压隔膜泵使用最广,它以压缩空气为动力,空气压力一般为0.4~0.6 MPa,通过减压阀调节压缩空气压力来控制涂料压力,涂料压力可达到压缩空气输入压力的几十倍。常用的压力比有16:1、23:1、32:1、45:1、56:1、

　(a) 气动高压隔膜泵　　　(b) 电动高压隔膜泵　　　(c) 油压变量柱塞泵

图5-18　无气喷涂用高压泵

65∶1等多种,分别适用于不同品种和不同黏度的涂料。气动高压隔膜泵的最大优点是安全、结构简单、易操作;其缺点是耗气量大、噪声较大。油压变量柱塞泵以油压为动力,油压达5 MPa,用减压阀调控喷涂压力,油压变量柱塞泵的特点是动力消耗较低,噪声低,使用也安全,但需要专用的油压源。

4) 蓄压过滤器

通常蓄压器与过滤装置组合为一体,称为蓄压过滤器。蓄压过滤器由筒体、过滤网、网架、放泄阀、出漆阀等组成,如图5-19所示。蓄压过滤器的作用是使涂料压力稳定,避免高压泵的柱塞往复运动至转换点时,造成涂料输出的瞬间中断。蓄压过滤器的另一个作用是滤掉涂料中的杂质,避免喷嘴堵塞。

(a) 蓄压器　　　(b) 过滤器

图 5-19 蓄压器和过滤器

图 5-20 高压输漆管

5) 输漆管道

输漆管道是高压泵与喷枪之间的涂料通道,必须耐高压、耐涂料浸蚀,其耐压强度一般为12~25 MPa;此外,还具有消除静电的功能,如图5-20所示。输漆管道的构造分为三层,最里层为尼龙管坯,中层为不锈钢丝或化纤编织网,外层为尼龙、聚氨酯或聚乙烯。此外,还必须编入接地导线,供喷涂时接地用。

5.2.3 无气喷涂工艺

无气喷涂的主要工艺参数包括喷涂压力、流量、涂料密度、涂料黏度、喷嘴结构和工艺条件等。

1) 喷涂压力和流量

喷涂压力和流量是重要的技术参数,对涂料的施工质量和效率有直接的影响。对某一型号的无气喷涂机,当使用的涂料黏度不变,输入的压缩空气压力不变,其喷涂压力和流量的关系通常为流量增大,则喷涂压力降低。喷涂压力与喷出量的关系可按下式计算:

$$q = q_0 \sqrt{p/p_0} \tag{5-1}$$

式中,q 为涂料实际喷出量;q_0 为喷嘴的标准喷出量;p 为实际喷涂压力;p_0 为标准喷出量的喷涂压力。

2) 涂料密度

根据已知涂料的密度和喷嘴的标准喷出量,可按下式计算涂料的实际喷出量:

$$q = q_0 \sqrt{1/s} \tag{5-2}$$

式中，q 为涂料实际喷出量；q_0 为喷嘴的标准喷出量；s 为涂料密度。

3）涂料黏度

涂料黏度越大则需要的喷涂压力越大。无气喷涂机高压泵输出口的压力与喷嘴出口处的压力是不同的，由于管道有压力损失，后者总低于前者。涂料在高压软管中流动时受到摩擦，必然引起压力下降，压力下降的大小与软管的直径、长度有关，管径越小，管路越长，压力下降越大。此外压力下降还与流量有关，流量越大，压力下降越大。它们的关系可以用下式来表示：

$$\Delta p = \frac{128 \nu l q}{\pi d^4} \tag{5-3}$$

式中，Δp 为压力下降损失（MPa）；ν 为涂料黏度（Pa·s）；l 为管道长度（m）；q 为流量（L/min）；d 为管道直径（mm）。因此，在施工时应尽量选择较粗、较短的高压软管。

4）喷嘴结构

喷嘴是喷枪的关键零部件。进行无气喷涂作业时，应根据涂料类型和喷涂工件形状选择喷嘴的孔径和形状。喷嘴分为标准型喷嘴、圆形喷嘴、自洁型喷嘴和可调型喷嘴。喷嘴的孔径决定涂料流量的大小，喷嘴的形状决定喷雾幅度的大小。对于黏度较大的涂料，应选择孔径较大的喷嘴。喷雾幅度大小的选择视喷涂对象而定，对于大表面喷涂作业，选择喷幅大的喷嘴；形状复杂及表面较小的表面喷涂，选择喷幅小的喷嘴。

在喷涂作业中主要采用标准型喷嘴，喷幅宽 150～600 mm，喷出量 0.2～5 L/min。

5）工艺条件

常用涂料的无气喷涂工艺条件见表 5-3。喷枪的操作使用注意以下四个方面的问题：

（1）枪距。喷枪口与被涂物面的距离称为枪距，枪距以 300～400 mm 为宜。枪距过小，则喷涂压力过大，反冲力也大，容易出现涂层不均匀现象，而且喷幅（扇面宽度）小，使被涂物局部喷料过多，涂膜过厚；枪距过大，则喷涂压力损失大，涂料易散失，而且喷幅过大，使被涂物局部喷料过少，涂膜达不到厚度要求。

（2）喷涂扇面方向。喷涂扇面与被涂物面要相互垂直，要注意每次的喷涂宽度不宜过大，否则因操作不便会引起喷涂扇面角度明显变化，造成涂层不均匀。

（3）喷枪运行方向及速度。喷枪运行的方向要始终与被涂物面平行，且与喷涂扇面垂直，以保证涂层的均匀性，喷枪运行速度要稳，以 300～400 mm/s 为宜，运行速度不稳，会使涂层厚度不均匀，运行速度过快则涂层太薄，过慢则涂层太厚。

（4）喷涂位置要求。对于有焊缝的零件喷涂，焊缝边缘两侧 50 mm 范围内（需探伤部位 150 mm 范围内）暂不喷漆（待拼装完成后现场涂装）。以后每层油漆涂装前，焊缝边缘依次留出 50 mm，贴胶条遮盖，形成阶梯状保护层。

表 5-3　常用涂料的无气喷涂工艺条件

涂料品种	喷嘴等效口径/mm	涂料喷出量/(L/min)	喷雾幅度/mm	涂料黏度/(Pa·s)	涂料压力/MPa
磷化底漆	0.28～0.38	0.42～0.80	200～360	10～20	8～12
红丹底漆	0.33～0.43	0.61～1.02	200～360	30～90	≥11
环氧富锌底漆	0.43～0.48	1.02～1.29	250～410	12～15	10～14

(续表)

涂料品种喷嘴等效口径/mm	涂料喷出量/(L/min)	喷雾幅度/mm	涂料黏度/(Pa·s)	涂料压力/MPa
烷基硅酸盐厚膜富锌底漆	0.43~0.48	1.02~1.29	250~410	10~12	10~14
云母氧化铁酚醛涂料	0.43~0.48	1.02~1.29	250~410	30~70	10~14
丙烯酸改性醇酸涂料	0.33~0.38	0.61~0.80	200~310	30~80	10~14
长油醇酸涂料	0.33~0.38	0.61~0.80	200~310	30~80	12~14
厚膜乙烯树脂涂料	0.38~0.48	0.81~1.29	250~360	—	12~15
聚氨醋涂料	0.38~0.48	0.61~0.80	250~310	30~50	11~15
氯化橡胶底漆	0.33~0.38	0.61~0.80	250~360	30~70	12~15
聚酰胺固化环氧底漆	0.33~0.43	0.80~1.02	250~360	50~90	12~15
聚酰胺固化环氧面漆	0.33~0.38	0.61~0.80	250~360	30~50	12~15
胺固化煤焦油沥青环氧涂料	0.48~0.64	1.29~2.27	310~360	—	12~18
异氰酸固化煤焦油沥青环氧涂料	0.48~0.64	1.29~2.27	310~360	—	12~18

6) 涂装环境条件控制

喷涂作业前,应测量喷涂环境的温度及湿度,符合涂装条件,即可进行涂装作业。室外涂装还应考虑天气因素,从喷涂到涂装层表面干燥的一段时间内,应避开雨天、风速高、风沙大的天气。

《钢结构工程施工质量验收标准》(GB 50205—2020)第 14.1.4 条规定,涂装时的温度以 5~8℃为宜。

7) 涂装质量的检查

涂层的表面清洁度检测、表面粗糙度检测、漆膜厚度检测和附着力检测等,可以依据《涂装前钢材表面锈蚀等级和除锈等级》(GB 8923—1988)或《钢材表面涂装油漆前的除锈和清洁度的目视评定》(ISO 8501-1:1988)中的文字描述和图片,对照检查表面处理后钢材表面的清洁度,以及《涂装前钢材表面粗糙度等级的评定(比较样块法)》(GB/T 13288—1991)的规定,确保达到清洁度 Sa2.5 级,粗糙度在 40~70μm,不合格部位重新处理。

5.2.4 机器人无气喷涂系统实例

机器人无气喷涂技术和设备的发展,拓展了无气喷涂的应用领域,在船舶、车辆、钢结构件、桥梁、石油、石化、建筑及机械行业已广泛应用。也是目前应用最广泛的涂装方法之一。机器人无气喷涂系统由喷涂机器人、电气控制系统、防爆吹扫单元、喷涂机器人系统软件及应用软件组成。ABB 机器人无气喷涂系统如图 5-21 所示。

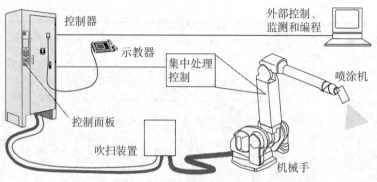

图 5 - 21 ABB 机器人无气喷涂系统

1）喷涂机器人

图 5 - 22 是一种典型的 ABB IRB 5510 FlexPainter 中型喷涂机器人，适用于小零件和一般工业的喷涂作业。该机器人具有 6 个自由度；末端额定负载：13 kg；工作区域：2 200/2 600 mm；重复定位精度：0.3 mm；防护等级：IP66 防爆；本体重量：630 kg。

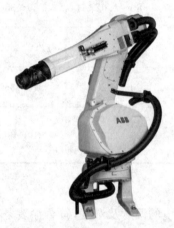

（a）ABB IRB 5510 FlexPainter 机器人本体

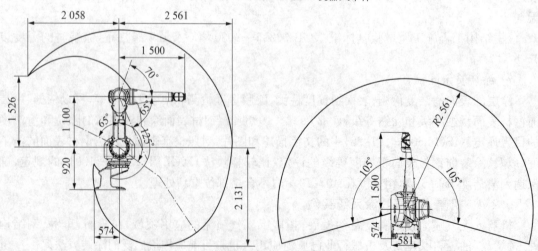

（b）ABB IRB 5510 FlexPainter 机器人工作空间

图 5 - 22 ABB IRB 5510 FlexPainter 喷涂机器人

2) 电气控制系统

ABB IRB 5510 FlexPainter 喷涂机器人控制系统如图 5 - 23 所示,它包括 ABB 机器人运动控制系统以及喷涂工艺控制柜(PCE)。IRB 5510 还配备了 ABB 独特的集成处理系统(integrated process system,IPS),该系统具有闭环调节能力、高速喷漆和气流控制功能。IPS 可以增加过程响应次数并减少涂料和溶剂浪费。喷涂作业与机械臂的动作同步,可提高转化效率,并可减少过喷,从而减少涂料浪费。

3) 防爆吹扫单元

防爆吹扫系统在包含有电气元件的机械手内部施加过压,阻止爆炸性气体进入机械手里面。防爆吹扫系统主要由危险区域之外的吹扫单元、机械手内部的吹扫传感器和控制柜内的吹扫控制电路组成。ABB 喷涂机器人配有 A 型和 B 型吹扫系统,如图 5 - 24 所示。

图 5 - 23　电气控制系统

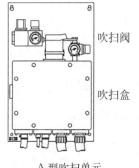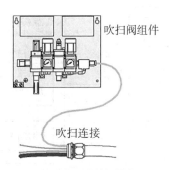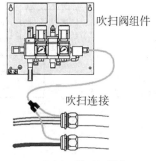

A 型吹扫单元　　　　B 型-用于无泵机器人　　　　B 型-用于带泵机器人

图 5 - 24　ABB 喷涂机器人吹扫系统类型

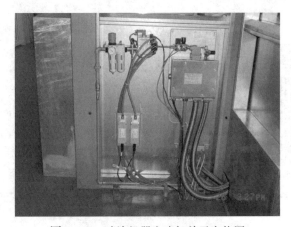

图 5 - 25　喷涂机器人吹扫单元实物图

图 5 - 24 中的 A 型吹扫单元安装在喷房(危险区)外部;B 型吹扫单元安装在喷房(危险区)内部,其实物图如图 5 - 25 所示。

4) 喷涂机器人系统及应用软件

喷涂机器人系统软件和应用软件包括基础软件(BaseWare)、PA 服务程序、工厂软件(FactoryWare)、过程软件(ProcessWare)、IPS 软件、桌面软件(DeskWare)六种。

(1) 基础软件。该软件包括用于机器人控制器的基础操作系统,有 RAPID 编程语言,以及在操作系统之外运行的软件可选项。软件的可选项为需要完成更多工作的机器人的用户提供了多种选择,主要包括运行多重任务、进行文件传送、完成高级动作任务等。BaseWare 程序安装于机器人控制柜的主计算机中。

（2）PA 服务程序。用于简化操作和设置与涂装有关的功能，例如管理程序选择、设定换色顺序等。

（3）工厂软件。为一套在 PC 机上运行的基于 Windows 的应用软件。该软件用在工厂与机器人相连的 PC 机上，用于编程操作界面、监视、单元监控和控制（如 RobView 等）。

（4）过程软件。该软件用于特定的用途，如涂装、点焊、胶粘等。它们是在机器人控制器内，在操作系统之外运行的软件可选项。用于涂装的软件称为喷涂软件（PaintWare）。

（5）IPS 软件。其通过控制流体和空气的流量，控制涂装机的喷幅。IPS 软件既可以在机器人模块内运行，也可以在机器人的外部模块上运行。IPS 是使用机器人运动控制用 CPU 以外的 CPU，对喷涂设备进行控制的系统；输入/输出信号（数字、模拟）由 IPS 专用控制板进行管理（如 MCOB 等），IPS 同机器人控制器之间的通信由 CAN（close area network）总线完成。

除了基本控制系统功能外，IPS 模块带有 CPU，内含 IPS 软件，可置于机器人手臂上或置于机器人外部。IPS 模块系统作用如图 5 - 26 所示。

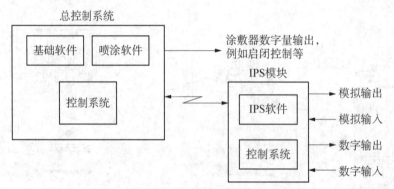

图 5 - 26 IPS 模块系统作用

IPS 系统运行原理如图 5 - 27 所示。

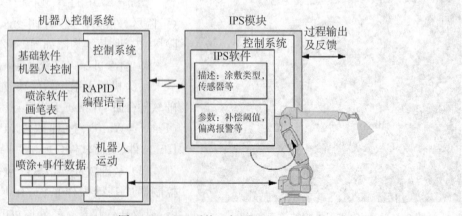

图 5 - 27 IPS 系统运行原理

（6）桌面软件。这是一套在 PC 机上运行的基于 Windows 的软件。其用于人员培训，可以完成创建和编辑机器人程序、建立 IPS 系统等工作（如 ShopFloor Editor 等）。

5.3 机器人静电喷涂技术

5.3.1 静电喷涂原理

静电喷涂原理如图 5-28 所示。高压发生器在电极和接地的工件之间形成一个静电场，涂料经过电极时会被雾化，涂料颗粒会带电（吸附额外电子形成负电荷）；带负电荷的涂料粒子在静电场的作用下，将被吸附到中性地面；随着颗粒沉积到零件表面，电荷将消失并通过地面返回至电源，从而形成回路。静电喷涂常应用于金属表面或导电性良好且结构复杂，或是球面、圆柱体零件表面的涂装。

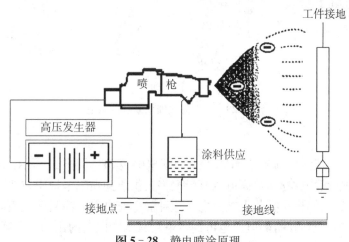

图 5-28 静电喷涂原理

5.3.2 静电喷涂设备

图 5-29 为典型静电喷涂系统的组成。静电喷涂系统一般包括喷涂单元、静电单元、供漆单元、控制单元和输送单元，如图 5-29a 所示。为提高设备的生产效率和便于清理维护，可以根据涂饰技术要求，增加换色功能、清洗功能、计量功能、配比功能和换线功能等多种定制化功能。静电喷涂设备由喷枪、喷杯、静电喷涂高压电源和喷室等组成，其实物图如图 5-29b 所示。

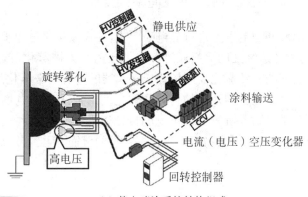

（a）静电喷涂系统结构组成

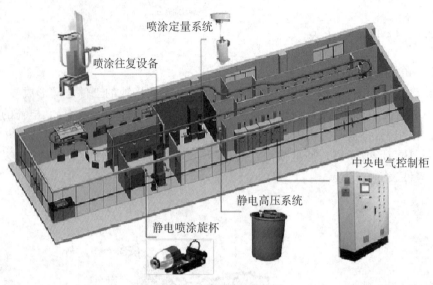

(b) 静电喷涂系统的实物图

图 5 - 29 典型静电喷涂系统的组成

1) 喷枪/旋转杯

静电喷涂采用空气静电喷枪或 HVLP 旋杯静电喷枪,如图 5 - 30 所示。采用图 5 - 30a 所示空气静电喷枪进行静电喷涂时,高电压直流电将被供给到喷嘴电极中,在喷枪和接地物体之间则会形成静电场,涂料将在雾化点被充电。这种静电充电可使涂料颗粒更高效、更均衡地吸附到产品的前后、侧面及边缘,静电力也可使带电涂料颗粒以高的比例沉积到工件上。

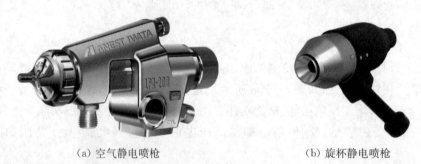

(a) 空气静电喷枪　　　　　　　　　　　　　(b) 旋杯静电喷枪

图 5 - 30 静电喷枪类型

采用图 5 - 30b 所示旋杯静电喷枪进行静电喷涂时,旋盘或旋杯静电喷枪会将薄而均匀的涂料散布到雾化器的边缘。边缘处的涂料通过静电力或离心力被雾化,低速的旋转雾化器应用静电力来雾化涂料,高速的旋转雾化器则依赖于雾化器的离心力来雾化涂料。雾化后,直流高压电会供给至旋转雾化器,在其与接地的目标物体之间形成一个静电场。带负电荷的粒子在上述静电场的作用下,被吸附并沉积到带正电的接地工件中。带电颗粒接地目标物体之间的力量足以使周围正常的超范围喷涂物沉积到目标物体的背面,因此,喷涂颗粒会以非常高的比例沉积在零件上。

2) 静电控制器

喷枪除了传统的内藏式电极针外,外部还须设置环形电晕,使静电场更加均匀地保持粉末涂层厚度。静电控制器产生静电喷涂所需要的静电高压并维持其稳定,波动范围小于 10%。

3）供粉系统

供粉系统由新粉桶、旋转筛和供粉桶组成。粉末涂料先加入新粉桶,压缩空气通过新粉桶底部流化板上的微孔使粉末预流化,再经过粉泵输送到旋转筛;旋转筛分离出粒径过大的粉末粒子（$100\,\mu m$ 以上）,剩余粉末下落到供粉桶。供粉桶将粉末流化到规定程度后,通过粉泵和送粉管供给喷枪喷涂工件。

4）回收系统

喷枪喷出的粉末除一部分吸附到工件表面上（一般为 $50\%\sim70\%$）外,其余部分自然沉降。在上述沉降过程中,粉末一部分被喷粉棚侧壁的旋风回收器收集,可以利用离心分离原理使粒径较大的粉末粒子（$12\,\mu m$ 以上）分离出来并送回旋转筛重新利用。小的粉末粒子被送到滤芯回收器内,其中粉末被脉冲压缩空气振落到滤芯底部收集斗内,这部分粉末定期清理装箱等待出售。分离出粉末的洁净空气（含有的粉末粒径小于 $1\,\mu m$、浓度小于 $5\,g/m^3$）会排放到喷粉室内,以维持喷粉室内的微负压。负压过大容易吸入喷粉室外的灰尘和杂质,负压过小或正压容易造成粉末外溢。沉降到喷粉棚底部的粉末收集后通过粉泵进入旋转筛重新利用。回收粉末与新粉末的混合比例为（$1:3$）$\sim$（$1:1$）。

5）喷粉室

喷粉室顶板和壁板采用透光聚丙烯塑料材质,从而可以最大限度地减少粉末黏附量,从而防止静电荷累积干扰静电场。底板和基座采用不锈钢材质,既便于清洁,又具有足够的机械强度。

6）辅助系统

喷涂辅助系统包括空调器和除湿机。空调器的作用:一是保持喷粉温度在 $35\,℃$ 以下以防止粉末结块;二是通过空气循环（风速小于 $0.3\,m/s$）保持喷粉室的微负压。除湿机的作用是保持喷粉室相对湿度为 $45\%\sim55\%$;湿度过大,空气容易产生放电击穿粉末涂层,湿度过小,导电性差不易电离。

5.3.3　静电喷涂工艺

5.3.3.1　静电喷涂工艺类型

目前应用的静电喷涂工艺有七种类型,包括空气静电喷涂雾化、高容量低压力（HVLP）静电喷涂雾化、无气静电喷涂雾化、空气辅助式无气静电喷涂雾化、纯电法静电雾化、旋杯式静电雾化以及旋盘式静电雾化,它们的特点如下:

1）空气静电喷涂雾化

使用含有小型精密开口的气孔将压缩空气射入涂料中,以求达到最优雾化。空气静电喷枪雾化因具备可控性及多功能性,是目前行业中应用最广泛的一种方法。空气静电喷枪可提供较高的转化效率,它利用静电电荷使涂料包覆边缘附近区域并捕捉过喷而浪费的涂料。标准的空气静电喷涂根据不同类型的材料和应用,可提供 $40\%\sim90\%$ 的转移效率。

2）HVLP 静电喷涂雾化

使用气动 HVLP 时,气孔内压缩空气的压力必须降至 $0.1\sim10$ 磅（1 磅 $\approx0.454\,kg$）,当使用 HVLP 喷涂降低颗粒速度及雾化材料时转换效率会更高,从而带来更少的废物及材料的流失。也有些静电设备通过改变四个部件可以很容易地在空气喷涂和 HVLP 喷涂技术之间转换。HVLP 的喷涂技术可满足须严格减少 VOC 的 EPA 规范。HVLP 静电喷涂根据不同类型的材料和应用,可以提供 $60\%\sim90\%$ 的转移效率。

3）无气静电喷涂雾化

利用高压流体（压力 $500\sim5\,000$ 磅,1 磅 ≈4.445 牛）的原理,通过一个细小的流体喷嘴完成雾化。该方法的喷涂图案的大小、形状及喷液质量受喷嘴控制。

4）空气辅助式无气静电喷涂雾化

采用无气喷涂原理，在压力降低的情况下雾化流体，并利用辅助雾化空气，减少尾料，以获得更佳的涂饰效果。

5）纯电法静电雾化

通过在喷枪的一端使用一个旋杯均匀将涂料涂于杯的边缘。当涂料到达杯的边缘就会负载上电荷。尖锐边缘的电荷（约 100 kV）会在中等的电荷电阻范围（0.1～1 MΩ）内使涂料颗粒喷涂至产品上。纯电法是一种比空气喷涂或空气辅助式无气喷涂技术缓慢的工艺过程，并且旋杯雾化状态需要旋杯式喷涂技术，它是目前同行业中转化效率最高的喷枪工艺。

6）旋杯式静电雾化

用一个含离心力及静电雾化的高速旋杯来雾化材料并高效地将材料从杯的边缘运输至被喷涂的目标物体上。压缩空气将推动材料的前进速度，以帮助其渗透到凹陷区域。旋杯通常被固定安装或直接在输送机上往复地涂覆产品，也可置于输送机的两侧。旋杯式雾化可提供 70%～95% 的转移效率。

7）旋盘式静电雾化

利用离心力及电雾化的高速旋转雾化器来雾化涂料，并高效地将材料从盘的边缘传输至被喷涂的目标零件上。旋盘在一个封闭的 Ω 形环中涂覆零件。旋盘可固定安装并倾斜（高达 45°）12 英寸或以下的小配件，或者安装到往复式机臂上喷涂 40 英尺（1 英尺 ≈ 30.48 cm）高 4 英寸宽的部件。旋盘产生的转移效率达 80%～95%。

5.3.3.2　粉末静电喷涂技术的工艺流程

粉末静电喷涂技术的工艺流程为：前处理→喷粉→固化→检查→成品。

1）前处理

工件经过前处理后，除掉零件表面的油污和灰尘后才能喷涂粉末，同时在工件表面形成一层锌系磷化膜以增强喷粉后的附着力。前处理后的工件必须完全烘干水分并且充分冷却到 35 ℃以下，才能保证喷粉后工件具有较好的理化性能和外观质量。

2）喷粉

（1）粉末静电喷涂的基本原理。工件通过输送链进入喷粉房的喷枪位置准备喷涂作业。静电发生器通过喷枪枪口的电极针向工件方向的空间释放高压静电（负极），该高压静电使从喷枪口喷出的粉末和压缩空气的混合物以及电极周围空气电离（带负电荷）。工件经过挂具通过输送链接地（接地极），这样就在喷枪和工件之间形成一个电场，粉末在电场力和压缩空气压力的双重推动下到达工件表面，依靠静电吸引在工件表面形成一层均匀的涂层。

（2）粉末静电喷涂的基本原料。可以用环氧聚酯粉末涂料，它的主要成分是环氧树脂、聚酯树脂、固化剂、颜料、填料、各种助剂（例如流平剂、防潮剂、边角改性剂等）。粉末加热固化后在工件表面形成所需涂层。辅助介质是压缩空气，要求清洁干燥、无油无水［含水量小于 1.3 g/m³、含油量小于 1.0×10^{-5}%（质量分数）］。

3）固化

（1）粉末固化的基本原理。环氧树脂中的环氧基、聚酯树脂中的羧基与固化剂中的氨基发生缩聚、加成反应交联成大分子网状体，同时释放出小分子气体（副产物）。固化过程分为熔融、流平、胶化和固化四个阶段。温度升高到熔点后工件上的表层粉末开始熔化，并逐渐与内部粉末形成旋涡直至全部熔化。

粉末全部熔化后开始缓慢流动,在工件表面形成薄而平整的一层,此阶段称流平。当温度继续升高到达胶点后,有短暂的胶化状态(温度保持不变),之后温度继续升高,粉末发生化学反应而固化。

(2)粉末固化的基本工艺。采用的粉末固化工艺为 180 ℃,烘 15 min,属于正常固化。其中的温度和时间是指工件的实际温度和维持不低于这一温度的累积时间,而不是固化炉的设定温度和工件在炉内的行走时间。

(3)粉末固化的主要设备。包括供热燃烧器、循环风机及风管、炉体三部分。循环风机进行热交换,送风管第一级开口在炉体底部,向上每隔 600 mm 有一级开口,共三级。这种方式可以保证 1 200 mm 工件范围内温度波动小于 5 ℃,从而防止工件上下色差过大。回风管安放在炉体顶部,这样的布置可以保证炉体内上下温度尽可能均匀。炉体为桥式结构,既有利于保存热空气,又可以防止生产结束后炉内空气体积减小吸入外界灰尘和杂质。

4)检查

固化后的工件,日常主要检查外观是否平整光亮,有无颗粒、缩孔等缺陷,厚度应控制在 55～90 μm。如果首次调试或需要更换粉末时,就要求使用相应的检测仪器检测。检测项目包括外观、光泽、色差、涂层厚度、附着力(划格法)、硬度(铅笔法)、冲击强度、耐盐雾性(400 h)、耐候性(人工加速老化)、耐湿热性(1 000 h)。

5)成品

检查后的成品分类摆放在运输车或周转箱内,相互之间用软质材料隔离,以防止划伤并做好标识待用。

5.3.3.3 机器人静电喷涂时的主要工艺参数

机器人静电喷涂时的主要工艺参数包括:

1)静电高压和静电电流

喷涂机器人静电喷涂的原理是以接地的车身为阳极、涂料雾化器或栅栏为阴极,在负高压电的作用下,两极间形成一个高压静电场。内加电雾化器直接通过旋杯使涂料带上负电荷,外加电雾化器通过外部电极电离空气粒子,从而使涂料颗粒带上负电荷,车身表面在电场的作用下带上了相同电位的正电荷。

根据"同性相斥,异性相吸"的原理,涂料粒子受到电场力的作用而吸附到被喷涂产品表面。电压直接影响涂装的静电效应、涂料的利用率、涂膜的均匀性等。当喷涂的枪距一定时,升高电压会加强静电场的电场力,增大车身表面的电力线密度,提高涂料的上漆率,膜厚也会增加。

喷涂机器人在精度喷涂时的电压不是越高越好。电压过高会导致被喷涂产品的边缘部位出现流漆、发花等漆膜缺陷。电压过低会影响涂料的雾化效果,涂料粒子的直径相对较大,涂料的利用率也会降低。喷涂水性涂料时,电压通常设置在 60～70 kV(喷涂车身边角部位时电压一般设置在 50～60 kV);喷涂油性涂料时,电压通常设置在 65～70 kV(喷涂产品的边角部位时电压一般设置在 60～65 kV)。

静电喷涂时的静电电流为 10～20 μA。电流过高容易产生放电击穿粉末涂层,电流过低上粉率低。

2)喷涂压力

(1)流速压力 0.30～0.55 MPa。流速压力越高,则粉末的沉积速度越快,有利于快速获得预定厚度的涂层,但过高就会增加粉末用量和喷枪的磨损速度。

（2）雾化压力 0.30～0.45MPa。适当增大雾化压力能够保持粉末涂层的厚度均匀，但过高会使送粉部件快速磨损。适当降低雾化压力能够提高粉末的覆盖能力，但过低容易使送粉部件堵塞。

（3）清枪压力 0.5MPa。清枪压力过高会加速枪头磨损，过低容易造成枪头堵塞。

（4）供粉桶流化压力 0.04～0.10MPa。供粉桶流化压力过高会降低粉末密度使生产效率下降，过低容易出现供粉不足或粉末结团。

3）喷涂移动速率

喷涂移动速率是喷涂机器人喷涂的重要参数之一，直接影响涂装效率和质量。当被涂物在喷涂过程中处于动态时，喷具相对于被涂物的移动速率要做模拟修正。若被涂物移动，则其移动速率与膜厚成反比，移动速率越快，则上漆率越低。

在满足喷涂节拍的前提下，优先选用较低的喷涂速率，这是因为喷涂移动速率过高会降低涂料的传输效率，造成涂料的消耗量过高，影响膜厚。一般情况下，喷涂机器人采用静电旋杯喷涂时，喷涂移动速率小于 600mm/s，对于空气喷涂而言，喷涂移动速率一般小于 900mm/s。现在的发展趋势是在达到最佳雾化及喷涂效果的基础上适当提高喷涂机器人的喷涂移动速率。

4）喷涂流量

喷涂机器人的喷涂流量是单位时间内定量泵（齿轮泵）输送给每个旋杯的涂料量，是生产中调整频繁的参数。喷涂流量是决定漆膜厚度的直接因素，提高喷涂流量会增大吐出量，从而增大膜厚。流量过大时会产生一些雾化不良问题（如漆点、流挂、气泡等漆膜缺陷），影响车身外观；反之，随流量降低，吐出量会减少，漆膜会变薄。作中涂的涂料一般控制流量在 300～400ml/min，免中涂的底涂和色漆流量一般控制在 150～250ml/min，金属色漆的流量一般控制在 100～180ml/min，双组分清漆流量一般控制在 350～450ml/min。

5）旋杯转速

喷涂机器人旋杯转速是涂料雾化的一个关键参数，直接决定涂料的雾化效果。旋杯高速旋转时，产生的离心力使涂料沿着旋杯的边沿雾化得很细。转速越高，漆雾就越细，漆膜的平滑度就越好，外观质量也就越好；转速越低，雾化效果就越差，漆膜平整度也越差而变得粗糙，外观质量就差。

喷涂雾化过细不仅会导致漆雾损失且涂膜变薄，而且会使雾化的涂料反弹，造成喷涂机器人手臂及雾化器表面污染严重，最终影响喷涂品质和涂料的利用率。为达到最佳的喷涂效率，应将旋杯转速设置在合适的范围内（正常雾化质量的低值）。一般水性金属涂料的旋杯转速控制在 30×10^3～40×10^3 r/min，双组分涂料的旋杯转速控制在 40×10^3～45×10^3 r/min。

6）喷涂成型空气

喷涂成型空气又称整形空气或扇幅空气。喷涂成型空气从分布于旋杯后侧成型空气罩内的小孔中喷出，按结构形式分为双成型空气孔和单成型空气孔，其主要作用是限制漆雾扇面的大小。成型空气的压力越高，喷幅就越小，漆雾颗粒在车身上的反弹力就越大；压力越低，喷幅就越大，漆雾粒子在车身上的反弹力就越小。在相同的流量下，成型空气压力直接影响漆膜的重叠率。一般控制成型空气的压力在 30～40dbar。

静电喷涂机器人喷涂质量取决于喷涂工艺参数的控制和调节，喷涂机器人在进行静电喷涂时需要确定上述喷涂工艺参数的控制方法。

5.3.4　机器人静电喷涂系统实例

静电喷涂的应用范围较为广泛，在汽车、高铁、客车、拖拉机以及家用电器等行业，都可采用静电喷涂技术。静电喷涂也可与电泳涂装配套应用,即以电泳涂装工艺涂底漆,然后以静电喷涂工艺涂面漆,并实现涂装作业的连续化、自动化。这种配套施工工艺已在汽车制造业得到应用。

机器人静电喷涂系统如图 5 – 31 所示。

(a) 外加电式旋杯式喷枪   (b) 内加电式旋杯式静电喷枪

图 5 – 31　机器人静电喷涂系统

机器人喷涂用自动静电喷枪如图 5 – 32 所示。漆液滴离开旋杯后,在电极的静电场中充电,带负电;待喷涂的工件表面极性与电极相反,带正电;漆液滴在正负电荷的吸引力作用下,被吸附到表面上。

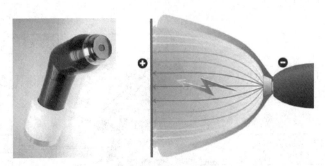

(a) 内加电式高速旋杯式静电喷枪

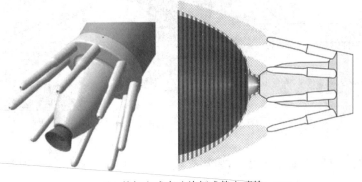

(b) 外加电式高速旋杯式静电喷枪

图 5 – 32　机器人喷涂用自动静电喷枪

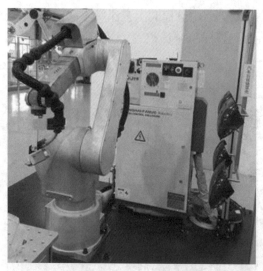

图 5-33　FANUC P-40iA 机器人静电喷涂系统

　　FANUC P-40iA 机器人喷涂系统是典型的机器人喷涂系统之一,它可以用于旋杯式静电喷涂系统,如图 5-33 所示。P-40iA 喷枪喷涂系统是专门为 3C 行业紧凑型喷涂机器人应用开发的系统,适用于笔记本电脑外壳表面、手机外壳表面、电机外壳表面和汽车小型内饰件表面等的喷涂。P-40iA 喷枪喷涂系统主要由 P-40iA 机器人、喷枪、涂料输送系统、手臂支架和 P-40iA 喷枪柜体等组成。

　　1) 喷枪

　　FANUC P-40iA 机器人喷涂系统采用的静电喷枪如图 5-30、图 5-32 所示。对喷枪和涂料调压器安装支架进行模块化设计,P-40iA 喷枪喷涂系统有多种标准配置组合可供不同喷涂需求选择。P-40iA 喷枪手臂支架将涂料调压器安装在机器人 J3 轴端部,减小涂料调压器到喷枪段管束长度,使输出油漆压力更为稳定。

　　2) 喷涂机器人

　　FANUC P-40iA 机器人喷涂系统采用的喷涂机器人如图 5-34 所示。作为一种小型工业机器人,P-40iA 的半径可达 1300 mm,载荷可达 5 kg,并采用防爆标准,以满足各种危险环境下喷涂的要求。同时,P-40iA 与 FANUC PaintTOOL 软件相适应,为喷雾行业提供了一个功能强大而方便的应用界面。

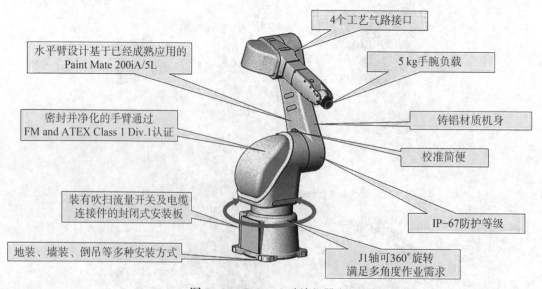

图 5-34　P-40iA 喷涂机器人

　　P-40iA 采用的是 6 轴关节设计,紧凑轻便的机身可以实现机器人地装、壁挂、倒吊和多角度等安装方式。P-40iA 的主要技术参数如下。

　　机器人可达范围:1300 mm;机器人重复定位精度:±0.2 mm;腕部有效负载:5 kg;TCP

最快运动速度:1 500 mm/s;机身防护等级:IP67;电力需求:220 V;机身重量:110 kg。

3) 涂料调压器

涂料调压器如图 5-35 所示,主要用来调节喷涂压力。

4) 控制系统

如图 5-36 所示,P-40iA 的总控制柜将机器人控制柜 (R-30iB Plus Mate)、电气控制单元、气动控制单元以及工艺控制柜(process control enclosure, PCE)集成于一体,还集成了机器人防爆监测模块和 FANUC 喷涂机器人专用的

图 5-35　涂料调压器

LR PaintTOOL 喷涂软件,并为喷涂行业提供功能强大而操作便捷的应用操作程序界面,它通过标准的 I/O MODULE A 的模拟量输出模块控制吐出量、喷幅、雾化等喷涂参数。

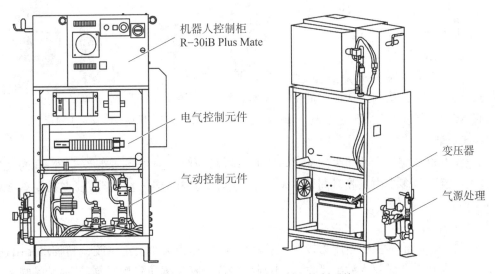

机器人控制柜
R-30iB Plus Mate

电气控制元件

气动控制元件

变压器

气源处理

图 5-36　P-40iA 喷涂机器人控制系统

P-40iA 喷枪喷涂系统集成度较高,在现场完成机器人安装后,仅须接入外接电源,并完成设备供气气管、机器人与控制柜电缆的连接和油漆管管束的连接便可工作。除电源外,与喷涂作业相关的外部条件见表 5-4。

表 5-4　P-40iA 喷涂系统外接设备要求

压缩空气供应要求	压缩空气供应条件	备　注
压力	≥0.6 MPa	涂装机器人工艺控制柜接口处压力
露点	−20 ℃	—
含油量	≤0.01 mg/m³	保证供应压缩空气质量; 为涂装机器人工艺控制柜另外配置空气过滤器
颗粒度	最大粒子尺寸≤1 μm; 颗粒浓度≤5 mg/m³	
温度	室温	—
外部气源接口	推荐气管接口外径 16 mm	气源处理设备已预留 16 mm 软管快速接口

5.4　机器人涂胶技术

5.4.1　涂胶原理

涂胶就是利用涂覆机通过气压将较细股的胶从胶枪源源不断地以一定的压力涂抹到工件表面上。

5.4.2　涂胶设备

涂胶系统是一种以压缩空气为动力源，通过压强比的不同，最终将密封胶以较大压力输送到操作工位的整套设备。涂胶系统主要组成部分有泵机、泵机控制器、过滤器、调压阀及电加热系统、胶枪、定量系统、涂胶机器人本体、涂胶机器人控制柜等，如图 5-37 所示。

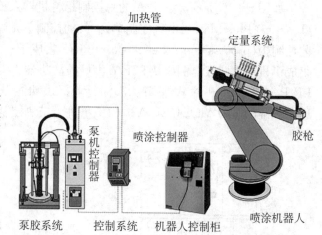

图 5-37　机器人涂胶系统组成

5.4.3　涂胶工艺

涂胶工艺参数主要包括点胶量、点胶压力、枕头大小、针头与工作面之间的距离、胶水黏度、胶水温度、气泡等。

1）点胶量

一般胶点直径应为产品间距的一半，从而可以保证有充足的胶水来粘结组件，同时又避免胶水过多。点胶量多少由点胶时间长短来决定，实际应用中，应根据室温、胶水黏度等参数确定点胶时间。

2）点胶压力

点胶设备给胶枪提供一定压力以保证胶水供应；该压力大小决定供胶量和胶水流出速度。点胶压力过大则易造成胶水溢出；压力太小则会出现点胶断续和漏点现象，导致产品缺陷。实际应用中，应根据胶水性质和工作环境温度来选择压力。

3）针头大小

针头内径应取为点胶胶点直径的 1/2 左右；点胶过程中，应根据产品尺寸来选取点胶针头的直径。

4）针头与工作面之间的距离

因为不同点胶机采用不同的针头，针头可能有一定的止动度。每次点胶工作开始之前应校准针头与工作面之间的距离。

5）胶水黏度

胶水黏度直接影响点胶的质量。黏度大，胶点会变小，甚至拉丝；黏度小，则胶点会变大，进而可能渗染产品。在点胶过程中，应针对不同黏度的胶水，选取合理的压力和点胶速度。

6）胶水温度

按照规定，一般环氧树脂胶水应保存在 0～5℃ 的保温箱中，使用时提前 30 min 拿出，以使胶水温度与工作环境温度一致，胶水的使用温度应为 23～25℃；环境温度对胶水的黏度影响较大，环境温度降低则胶水黏度增大，致使出胶流量变小，容易出现拉丝现象。在其他条件相同的情况下，若环境温度相差 5℃，则会造成出胶量 50% 的变化，因而点胶过程中，需要对环境温度进行控制。

7）固化温度曲线

对于每一种胶水的固化,其生产厂家都给出温度曲线。实际应用时,应尽可能采用较高温度来固化,以使胶水固化后有足够强度。

8）气泡

胶水里一定不能有气泡,否则会造成产品某些部位没有涂上胶水;在涂胶作业过程中,每次中途更换胶管时,连接处的空气应排空,防止出现空打现象。

5.4.4 机器人涂胶系统实例

典型的机器人涂胶系统如图 5-38 所示。

图 5-38 机器人涂胶系统

5.4.4.1 机器人自动涂胶系统组成

1）泵机

（1）泵机系统部件应采用模块化设计,可快速更换泵机的操作部分应为模块化设计。

（2）下部泵机必须为双程出胶,以保证系统出胶压力稳定。

（3）泵机每行程的流量为 150 ml 及以上。

（4）跟压板在胶桶外时系统不能运行,检测到跟压板在胶桶内才可运行。

（5）应配有减压阀,更换胶桶时,能自动避免压缩空气对操作者可能造成的伤害。

（6）泵机的增压比应≥57∶1,且压力可调。

（7）应使用双立柱泵机升降机构,带有更换胶桶滚轮小车。

（8）自动涂胶泵机的胶桶容量为 55 加仑(1 加仑≈3.785 L),胶桶应有定位装置。

（9）为保证泵机出胶流量和压力的稳定,要求泵机活塞上行程和下行程都处于泵胶工作状态。

（10）泵机应自备气源处理单元。

（11）泵机应带有防空打装置和胶桶报警装置。

（12）泵机应采用封闭式润滑方式,能够方便地加注润滑剂,也能在工作行程中瞬时溶解并刮掉活塞上随行的残胶。

（13）泵机密封必须是具有阶梯密封的多层密封,以保证密封有较长的使用周期。

（14）胶泵本体若选用具有加热功能的,则必须采用专用加热带进行加热。加热带的结构为整体可卸式。

（15）压胶盘应为集成式的压胶盘,若选用的压胶盘具有加热功能,则加热元件和温度传感器应为插入式并且集成在压胶盘内部便于更换。压胶盘同胶桶的密封采用双层 O 形环密封,以保证胶料不溢出。压盘处于最大升程时,其下平面同胶桶上口的距离≥20 mm,压盘应具有通气孔,并在泵机出口处设有排胶阀。

(16) 泵机工作时的排气噪声应≤50 dB,消音器使用集成消音器。

(17) 系统排空和通气:通气孔堵头的结构和操作位置应具有良好的人机功效,符合安全要求;胶液排空点应配置手动阀和胶液收集器,也具有良好的人机功效,符合安全要求。

(18) 泵机应带有流量控制器,能够实时控制流量。

(19) 泵机必须具有可靠的过滤器,以防止涂胶系统被堵塞。

2) 涂胶枪

(1) 涂胶枪的驱动装置应集成在枪体上,若选用加热功能,则加热装置和温度传感装置集成到枪体上,且温度传感器或其接头应采用插入式。

(2) 涂胶枪应具有防止枪内材料残留物硬化的功能,软化剂存储管的安装必须便于软化剂的更换且不易损坏。

(3) 涂胶枪最高工作温度不得低于 180 ℃。

(4) 涂胶枪最高工作压力不得小于 360 bar。

(5) 涂胶枪的气源接口使用规格为 G1/4 的接口,气源为 4.5~6 bar 无油过滤压缩空气。

(6) 涂胶枪应具有良好的密封,要求采用带阶梯圈和 O 形圈,或者带金属密封套筒的密封座密封。

(7) 加热电源线(如果有加热功能)和控制线的连接采用航空插头。

(8) 涂胶枪的枪头形状和口径根据生产实际需要制作。

3) 输胶系统

(1) 输胶管根据实际应用需要选用冷管或加热型输胶管。

(2) 冷管输胶管的内管应能承受高压,输胶管外必须有保护套,有不锈钢丝网加强强度。

(3) 加热型输胶管必须为专用管,禁止采用冷管输胶管外缠加热带方式加热。内管应能承受高压,加热输胶管要求有双层绝缘保护,绝缘层外应有保护套,内置加热电阻和温度传感器。加热电源和控制线的接线应采用航空插头连接。

(4) 输胶管的长度应根据喷涂使用要求、设备布局和现场作业环境确定。

4) 控制系统

(1) 机器人涂胶系统应使用电气控制,如果一个胶泵配多把涂胶枪,那么每把涂胶枪的动力和控制应相互独立、互不影响。

(2) 机器人涂胶控制系统应保证与机器人通信可靠。

(3) 机器人涂胶控制系统应能对涂胶过程中的故障进行自诊断,并能保存错误记录,也能在控制监视器示教板上显示故障代码。

(4) 机器人涂胶控制系统应保存涂胶程序和参数的修改记录,且该记录不能由机器人控制器修改。

(5) 涂胶控制系统应具备安全监控功能,以保证系统始终处于安全的运行状态。

(6) 涂胶控制系统应设置易于观察的状态指示灯,运行故障的报警信息应反映到状态指示灯上。

(7) 机器人涂胶系统的控制器能够独立设置多套参数。

　　(8) 机器人涂胶系统的涂胶出胶量与涂胶机器人的运动速度可线性相关,以保证涂胶质量。

　　(9) 泵机应使用电气控制,具有监测泵机活塞运行功能,当检测到泵机在一定时间不运行后自动泄压,防止胶料在不流动的状态时处于高压变质堵塞管路,同时能检测到因系统漏胶严重造成的压力损失过大而影响泵机运行频率,防止泵机高频率运行损坏泵机。

　　(10) 如果胶管破裂,那么泵机应能自行停止运行。

　　(11) 大多数胶料不能持续长时间加热,系统在设定的时间内没有运行后,必须能自动关断加热。

　　(12) 大多数胶料对压力敏感,系统在设定的时间内没有运行后,必须能自动卸除压力。

　　(13) 严格按照胶料种类、特性选择加热方式(如喷胶嘴加热、输胶管加热、定量机加热及压胶盘加热等)。

　　(14) 加热控制要求采用分区域控制方式,各区域分别设立点对点闭环控制单元,尤其是涂胶枪、输胶管、压胶盘、胶泵本体四个重点部位必须设立独立的点对点闭环控制单元。

　　(15) 温度控制环有三个重要元件,即加热器、温度传感器和温度控制器。控制精度为±0.5℃。在连续工作状态下涂胶枪出口温度控制精度±1℃。

　　(16) 加热温度可调范围为 0~100℃,要求温控系统有严格的限温功能,当温度超过设定值允许的范围后具有报警功能,也有加热区域状态监控功能。监控的主要内容为加热元件短路、断路,传感器的短路、断路,加热状态等。控制器应能够监视加热区故障,并能在控制器上显示故障代码。

　　(17) 温度控制器能与泵机控制器进行可靠通信。在泵机控制器检测到泵机停止运行一定时间后,温度控制器能自动关闭对胶料的加热,防止胶料在不流动的状态下持续加热而硬化堵塞管路。

　　5) 定量装置

　　(1) 机器人涂胶系统必须使用定量装置,以保证涂胶量均匀、连续,防止出现断胶和无胶量过多等缺陷。

　　(2) 必须采用带闭环反馈控制的定量装置,以实现精确的流量控制。

　　(3) 泵机的运行和故障都不能影响流量控制的实现。

　　(4) 系统连续监测涂胶过程的连续性和稳定性,出现异常后必须报警。

　　(5) 流量控制的精度为±1%,且不受胶料温度、黏度和流动性变化的影响。

　　(6) 如果使用高磨损性的胶料,则能够保证定量装置正常运行。

　　(7) 流量控制应独立于胶水黏度的变化和泵机压力的变化。

　　(8) 须根据工件涂胶用量选用最适合尺寸的定量机,如 80 ccm、160 ccm、600 ccm。

　　6) 定量机控制器

　　(1) 涂胶控制器应能接收机器人发出的模拟量信号,使流量自动适应机器人速度的变化,这对弯曲的胶条涂抹尤其重要。

　　(2) 机器人通信接口包括 InterBus、Profibus、DeviceNet/ProfiBUS 等。

　　(3) 定量机的参数设定,包括容量、行程、是否自动填充等。

　　(4) 具备设备系统诊断和故障记录、日志功能。

　　(5) 加热参数的设定,包括设定值、上下公差,和每个加热通道独立的比例积分微分(PID)调节参数。

（6）能实时显示实际的涂胶压力和容量。

（7）可自由选择多至 256 套程序。

（8）具有设定过程参数和公差窗口，包括目标值、上下公差；具备途胶量超差后的报警功能。

（9）显示所有的输入/输出信号。

（10）可单独对每个输出信号进行强制。

7）视觉系统

涂胶工序直接关系到车身的密封防漏、耐蚀防锈、隔热降噪、外表美观性，因此对涂胶工艺有着严格的要求。机器人涂胶系统都配备视觉系统，用于涂胶件和涂饰部位定位。为提升生产节拍、降低生产成本，出现了机器人自动喷涂液态阻尼胶（liquid applied sound deadener, LASD）系统。FANUC 机器人标准 LASD 涂胶系统是一种典型的机器人涂胶系统，它用于汽车生产中的涂胶工序。机器人 LASD 涂胶具有如下优点：

（1）能够快速响应市场需求，通过程序调试来应对新车型或 NVH 设计修改，生产柔性高，适用于大批量生产，提高生产效率。

（2）机器人可稳定生产，降低生产节拍，质量更加稳定。

（3）线边无零件库存及物流，且水基涂料环境污染小，避免由阻尼垫带来的灰尘污染。

（4）可改善阻尼材料性能，阻尼系数高，可显著减少传递到乘客舱的噪声。

（5）重量降低，利于车身轻量化。

5.4.4.2 FANUC 机器人标准 LASD 系统

1）LASD 标准涂胶系统布局

FANUC 机器人标准的 LASD 涂胶系统布局如图 5-39 所示，包括四台 M-710iC/20L 涂胶机器人及两条导轨行走轴、一台 M-20iA 开后盖机器人、四套涂胶工艺设备、一套电控系统、一套视觉系统、其他机械装置等。

涂胶系统的现场布置如图 5-40 所示。

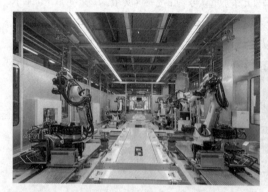

图 5-39　FANUC 机器人标准的 LASD 涂胶系统布局图

图 5-40　涂胶系统的现场布置图

2）系统工作流程

（1）车身进入涂胶工位前，通过光电传感器进行车型识别，并将识别结果和 RFID 获取的车型信息进行对比；如果不一致，那么操作工人通过 GUI 界面手动输入车型。

（2）车身进入涂胶工位后，视觉系统对车体进行拍照，获取车体在输送线上的空间位置偏移数据。

（3）涂胶机器人对相应的涂胶程序进行偏移后开始涂胶。

（4）涂胶完成后，机器人各自发出涂胶结束信号至系统总控 PLC，输送线将车身移出工位，并等待下一车身到来。

（5）上述涂胶过程循环反复，直到接收到停止作业指令或故障指令。

3）系统组成

涂胶系统主要组成如图 5-41 所示。

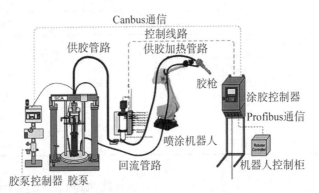

图 5-41 涂胶系统主要组成

（1）涂胶机器人。采用 FANUC M-710iC/20L 机器人涂胶，如图 5-42 所示。该机器人具有细长的手臂以及优良的运动性能，适合在狭小的空间作业。手臂上安装旋转轴套，可以减少管线的旋转缠绕。

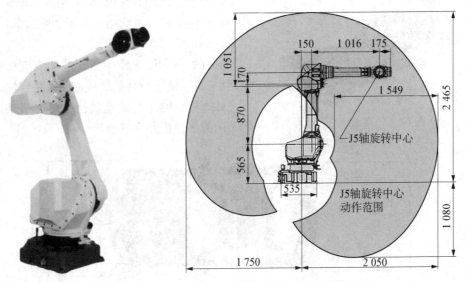

图 5-42 FANUC M-710iC/20L 涂胶机器人

FANUC M-710iC/20L 是一款中型搬运机器人，额定负载 20 kg；具有可达半径大、运动性能好的特点，因此用途广泛，它不仅适用于搬运作业，还适用于汽车车身的涂胶作业和电弧焊作业等方面。喷涂机器人采用全封闭式护罩的构造，实现了 IP67 的环境耐受性能（防尘、防水）。

涂胶机器人主要规格参数见表 5-5。

表 5 - 5   FANUC M - 710iC/20L 涂胶机器人主要规格参数

项　　目		规格参数
轴数		6
6 轴转动范围	J1	$-180°\sim180°$
	J2	$-90°\sim135°$
	J3	$-162°\sim270°$
	J4	$-200°\sim200°$
	J5	$-140°\sim140°$
	J6	$-450°\sim450°$
运动半径		3.11 m
手腕最大负载		20 kg
重复定位精度		±0.06 mm

图 5 - 43   轨道

（2）标注轨道。根据现场情况，有多种规格可以选择，可保证覆盖全部涂胶范围，采用 FANUC 伺服电机驱动；采用 Nabtessco 精密减速机；采用 THK 精密直线导轨；系统自动润滑，如图 5 - 43 所示。

（3）视觉定位系统。FANUC iRvision 3D Tri-view 视觉定位系统用于车辆和喷涂部位定位，如图 5 - 44 所示。

所有的视觉处理硬件与软件都集成在机器人控制柜内，保证了较高的处理速度和稳定性。

计算得到的车身偏差数据通过网络被一个工作站内的多台机器人共享。

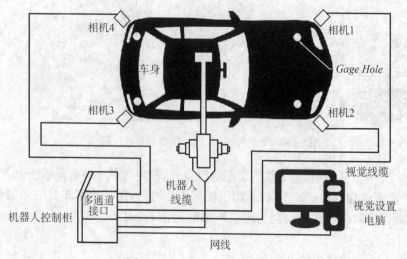

图 5 - 44   视觉定位系统布局图

用户可以通过机器人示教器、上位机或一台与机器人控制柜相连的笔记本电脑进入 iRvision 系统的示教界面,在一个友好的环境中进行工艺孔几何特征和车身基准位置的示教。

(4) 涂胶工艺设备。

① 定量机。采用双缸定量机配置,如图 5 - 45 所示。缸体容量:700 ml;最大填充容量: 630 ml;最大流量:110 ml/s(须根据材料测试);最大加热温度:80 ℃;环境温度:0~40 ℃;最大工作压力:220 bar;最大填充时的供胶允许压力:200 bar;重量:400 kg(不充胶时);加热功能:带加热。

图 5 - 45　双缸定量机

图 5 - 46　3D 涂胶枪

② 3D 涂胶枪。采用 3D 涂胶枪,如图 5 - 46 所示。涂胶速度一般为≤600 mm/s,根据实际涂胶应用可选用不同的喷嘴。在三个角度上都有枪嘴、可达性更好,喷涂时机器人无需过多旋转姿态,可以节省节拍。

③ 控制系统。以西门子 S7 系列 PLC 作为控制器,采用 Profibus 总线与机器人控制柜、机运线控制柜进行实时通信。与机器人主要交互包括初始化机器人工作、调用机器人程序、机器人实时状态等信号;与机运线主要交互包括控制启停、到位与释放、故障互锁等信号。

上位机安装 FANUC PWIII 上位机软件,通过 Ethernet 与 PLC 以及机器人控制柜通信。 PWIII 软件在. NET 平台采用 VB 程序语言开发,通过 OPC Server 与 PLC 通信,监控 PLC 中的变量状态,并实现对工位的监控、生产统计与报表。PW3 软件借助 FANUC 的 PCDK 开发包实现与机器人控制系统通信,可以实现工位配置设置、视觉相机拍照、工艺参数设置、过程监控、机器人状态监控、供胶维护、停机报告、报警记录等功能,借助 FTP 协议实现与机器人控制系统的文件传输。

采用 FANUC 机器人标准 LASD 涂胶系统,其涂饰效果如图 5 - 47 所示。

图 5 - 47　FANUC 机器人标准 LASD 涂胶系统的涂饰效果图

5.5　喷涂作业安全防护

涂装是产品表面保护和装饰所采用的最基本的技术手段。为了保证喷涂作业的安全,淘汰落后工艺,《涂装作业安全规程》系列国家标准已制订的共有 12 项:

(1)《涂装作业安全规程涂漆工艺安全及其通风净化》(GB 6514—2008)。

(2)《涂装作业安全规程安全管理通则》(GB 7691—2003)。

(3)《涂装作业安全规程涂漆前处理工艺安全及其通风净化》(GB 7692—1999)。

(4)《涂装作业安全规程静电喷漆工艺安全》(GB 12367—2006)。

(5)《涂装作业安全规程有限空间作业安全技术要求》(GB 12942—2006)。

(6)《涂装作业安全规程术语》(GB/T 1444 1—2008)。

(7)《涂装作业安全规程涂层烘干室安全技术规定》(GB 14443—2007)。

(8)《涂装作业安全规程喷漆室安全技术规定》(GB 14444—2006)。

(9)《涂装作业安全规程静电喷枪及其辅助装置安全技术条件》(GB 14773—2007)。

(10)《涂装作业安全规程粉末静电喷涂工艺安全》(GB 15607—2008)。

(11)《涂装作业安全规程浸涂工艺安全》(GB 17750—1999)。

(12)《涂装作业安全规程有机废气净化装置安全技术规定》(GB 20101—2006)。

上述 12 项标准是保障喷涂作业安全的基本要求。具体实施时,要根据喷涂作业的类型、设备特点、工艺条件和现场环境条件加以确定。

参考文献

[1] 陈治良.现代涂装手册[M].北京:化学工业出版社,2010.

[2] 周长庚,李贞芳.汽车涂装技术[M].北京:科学出版社,2007.

思考与练习

1. 了解空气喷涂原理、空气喷涂设备组成及空气喷涂工艺。

2. 了解静电喷涂原理、静电喷涂设备组成及静电喷涂工艺。

3. 了解无气喷涂原理、无气喷涂设备组成及无气喷涂工艺。

4. 了解涂胶原理、涂胶设备组成及涂胶工艺。

5. 以汽车车身为例,说明机器人空气喷涂系统组成和功能。

6. 以汽车车身为例,说明机器人静电喷涂系统组成和功能。

7. 以汽车车身为例,说明机器人无气喷涂系统组成和功能。

8. 以汽车车身为例,说明机器人涂胶系统组成和功能。